产品设计效果图技法

（第2版）

[日]清水吉治著　马卫星编译

北京理工大学出版社

图书在版编目（CIP）数据

产品设计效果图技法 ／（日）清水吉治著 ；马卫星编译. —2版. —北京 ：
北京理工大学出版社，2013.8 （2018.8重印）
ISBN 978-7-5640-4939-3

Ⅰ. ①产… Ⅱ. ①清… ②马… Ⅲ. ①工业产品－造型设计 Ⅳ. ① TB472

中国版本图书馆 CIP 数据核字(2013)第 154661 号

北京市版权局著作权合同登记号　图字：01-2003-7021 号

出版发行／北京理工大学出版社有限责任公司
社　　　址／北京市海淀区中关村南大街 5 号
邮　　　编／100081
电　　　话／(010)68914775（总编室）
　　　　　　82562903（教材售后服务热线）
　　　　　　68948351（其他图书服务热线）
网　　　址／http://www.bitpress.com.cn
经　　　销／全国各地新华书店
印　　　刷／北京地大彩印有限公司
开　　　本／898毫米x1194毫米　1/16
印　　　张／10.5　　　　　　　　　　　　责任编辑：陈　竑
字　　　数／295千字　　　　　　　　　　　文案编辑：李丁一
版　　　次／2013年8月第2版　2018年8月第6次印刷　　责任校对：周瑞红
定　　　价／75.00元　　　　　　　　　　　责任印制：王美丽

序

　　清水吉治先生是日本著名的设计专家，从事绘制产品设计效果图工作50多年，在国内外公共企事业、大学等指导培训产品设计效果图技法，培养成才的设计师不计其数。今年已78岁的他依然在这个领域辛勤耕耘。

　　清水吉治先生的产品设计效果图表现技法可以将产品外观造型简洁、准确、生动、快速地将表达出来，并逐步完成与最终产品效果十分接近的产品效果图。在长期的效果图表现技法教学中，他擅长利用几何立体、动物、海洋生物、植物等形态展开造型，逐步深入至效果图化的方法，以造型的艺术魅力来追求设计与效果图的表现力，被誉为日本产品设计效果图领域第一人。在计算机绘图已广泛应用的今天，具有鲜明个性的快速手绘技能，依然是设计师必备的基本素质之一。

　　1970年以来，清水吉治先生一直受聘于日本外务省国际协作事业团、日本机械设计中心、日本生活用品振兴中心等机构；作为设计方法和效果图技法的专任指导教师，并受三菱电机、松下电器、富士通、NEC、夏普等许多著名大型企业之邀，长期从事指导和培训设计师的工作。另外，在担任长冈造型大学教授的同时，还兼任东京艺术大学、金泽美术工艺大学、武藏野美术大学、多摩美术大学、日本大学等的客座教授。

　　从2000年开始，先生经常来中国的大学进行讲学，受聘于北京理工大学、燕山大学等多所大学的客座教授。曾经在中国的广东工业大学、清华大学、吉林大学、武汉大学、东北大学等56所大学进行过产品设计效果图技法的教授。另外，还担任过国际艺术研究所（东莞市TANITA公司内）面向中国设计艺术专业的年轻教师为对象的产品设计研修班的讲师工作。同时，还出版了有关产品设计效果图技法的专注，并创建了独特的专业理论。

　　《产品设计效果图技法（第2版）》的出版，坚信对于初入学习产品设计之门的人来说，将会开辟一个崭新的世界。

湖南大学设计艺术学院　院长
教育部高等学校工业设计专业教学指导分委员会主任委员
何人可　教授
2013年7月

前 言

　　本书是为工业设计从业者、工业设计专业的学生以及对产品设计效果图感兴趣的人而编写的。我在诸多企业、设计院校和社会团体从事有关产品设计表现技法的教学工作。这本书可以说是应上述人士的强烈要求，在百忙当中著述的一部有关产品设计表现技法的书籍。

　　那么，产品设计表现都有哪些方法呢？有从产品设计的开始阶段就运用实物模型考虑造型的，有在电脑显示屏上反复展开和确认造型来完成设计的，有用工程制图展开造型来完成的，也有通过徒手绘制效果图的方式展开造型来完成设计的。这些方法的实施过程往往是一边摸索，一边弄清产品的形态、使用情况、量感和质感，一边完成最终造型设计。在这一点上，实物模型制作是设计师最常用、最拿手的设计表现方法。

　　然而，用实物模型完成产品造型设计要消耗很多费用和时间，所以在设计方案不能完全确定时，往往不便制作。如果通过计算机绘图来表现产品造型设计，那么在完成最终效果图时是非常有效的方法，但在不断深入研讨、快速展开产品造型的阶段，因其无法在短时间内构思出大量方案，所以也不常使用。如此看来，要想在有限时间内开发出大量产品造型设计方案，还是要通过大脑和双手，也就是说，用徒手绘制产品效果图会更快捷有效。

　　为了适合学生和初学者自学，本书将对产品设计过程的造型展开阶段和造型比较研讨阶段之间，设计师经常用到的产品设计效果图表现技法，用最小的篇幅把效果图的原则、规则和透视法等基本知识，以及必要的基本事项归纳阐述，并通过大量徒手绘制效果图的实例分步图解，逐一展现介绍给读者。这里介绍的产品设计效果图的表现技法，仅仅是其中的几个例子，希望每个人根据自己的技术特点，创造出更新颖的技法来。

　　如果本书能对从事工业设计或立志从事工业设计的朋友有所助益，将是我最大的荣幸。

著　者

目 录

　　工业设计师以设计主题为基础，展开、表现、确认自己构思的造型设计，大体上有以下几种方法：

　　(1)用实物模型的方法来直接确认产品构思的使用方式、功能性、重量感、材质感、进深感等，并最终设计制作完成实物模型。

　　(2)通过计算机在显示屏上反复展开和确认产品造型并实现最终的设计。

　　(3)通过一幅幅徒手绘制的草图来反复展开和确认造型设计，并完成徒手绘制的最后完成图。

　　(4)用三视图反复展开、确认造型，最终完成设计的制图。

　　在以上的方法中，从能够动手直接触摸并展开设计这一点上来看，制作实物模型不言而喻是最优秀的方法。可是，实物模型要花很多费用和时间，而且不到确定设计的最终阶段是制作不出来的。

　　相比之下，从费用和时间的角度来看，随手拿来一张纸，把自己的构思用徒手绘制的效果图迅速表现出来，当然是一种更加实用的表现方法。另外，虽然计算机的普及，使从效果图到设计、生产、销售过程的处理全部通过计算机来实现已成为可能，但产品的大多数造型在设计过程的初期阶段、中期阶段、汇总阶段仍必须用效果图来进行，一般不太用计算机来绘制表现。而通过手脑并用的徒手绘制产品设计效果图，能在有限的时间内展开多种多样的产品造型方案并加以表现，实在是再便捷不过了。正因为如此，在产品设计的基础构思阶段，通过徒手绘制产品设计效果图的反复训练来强调手脑并

用，培养创造力、造型力和感知力是极其重要的。

　　徒手绘制产品设计效果图在产品设计过程的各个阶段的表现的方式也是不一样的，大体上可分为两种：

　　一种是在产品设计初期的策划和造型设想阶段，为了展开和确认造型而绘制出的极其简略的效果图，被称为构思草图（Idea Sketch）。

　　另一种是在产品设计的造型研讨阶段和造型汇总阶段描绘出的比较详细的效果图，根据详细程度而分别称为概略效果图（Rough Sketch）和最终效果图（Rendering）。

　　前者的主要目的是造型构思的展开，因为没有必要把造型的意图传达给他人，所以构思草图的表现技法也就没有一定的要求；后者是把造型构思的意图传达给其他人，力求其他人的理解，所以要做到无论谁看都能充分理解产品的形态、构造、材质、色彩等。

　　因此一般而言，在实际产品设计过程的造型研讨阶段，要求设计师在有限的时间内，尽可能多地画出既能让他人充分理解其设计意图，又能使人首肯其设计水准的产品设计方案图。

　　因此，本书中所展示的诸多产品设计效果图，即使是以非专业人员的眼光来看，也足以让他对产品设计的意图和最终效果产生较为全面与深入的理解，并由此认识到设计方案的专业水准。

　　无论谁看都能够充分理解的、造型设计意图明确的手绘最终效果图——电吹风。

　　A3白色绘图纸、COPIC绿色系麦克笔YG17、灰色系麦克笔No.3～No.10（黑）、紫色系麦克笔V17、绿色系色粉等。

如前所述，产品设计过程可分为初期策划阶段、造型设想阶段、造型研讨阶段和造型汇总阶段，最终进入造型决定阶段。在不同阶段中有各种各样的效果图绘制方法。下面把具有代表性的两种效果图简要说明如下。

（1）构思草图

指在产品设计初期策划和造型设想阶段中，凭记忆和想象绘制出头脑中浮现的造型。这类图是为了展开和确认其造型设计方案而绘制的，所以称为构思草图。

当然还有别的叫法，但是无论怎样称呼，都是对整体造型感觉和基本思考方向的概括描绘，是一种简化的图形表达方式，只要绘图人自己能理解就

足够了，完全没有必要向其他人传达。在反复展开造型设计的同时，理所当然要迅速捕捉隐藏在头脑中的产品形态构思，没有必要过多考虑细部的造型处理、色彩处理、结构、材质感等。

这些没有必要让其他人理解的构思草图，在表现技法和使用的画材上也就没有什么特别的要求。因此画材可以随意使用铅笔、圆珠笔、麦克笔、彩色铅笔、水性针管绘图笔等。但是为了在短时间内能够绘制出更多的构思草图，使用诸如速干性圆珠笔、油性针管绘图笔和彩色铅笔等的干性画材比较方便快捷。

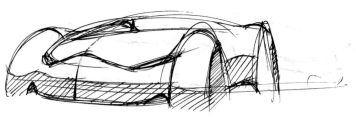

（左图）跑车的构思草图

设计：川村公则（工业设计师）

为研发城市化小型跑车而绘制的一部分构思草图。

在A3复印纸上用黑色圆珠笔、黑色水性针管绘图笔加以简洁表现，绘图中没有使用尺类等任何工具。

（下图）跑车的构思展开草图

设计：限泰行（工业设计师）

为研发城市化小型跑车而绘制的一部分构思展开草图。

在A3复印纸上用黑色圆珠笔、黑色水性针管绘图笔简洁地绘出轮廓线，再用COPIC浅灰色系麦克笔和其他彩色麦克笔着色。简洁地展开能表现车体的质感。

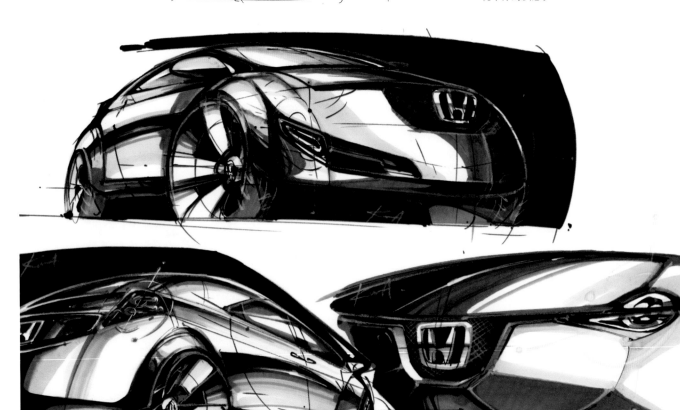

（2）概略效果图、最终效果图

这是在产品设计过程中的造型研讨阶段、造型汇总阶段以及造型决定阶段所绘制的效果图。概略效果图是介于构思草图和最终效果图之间的一种效果图。

产品设计师以设计主题为基础，反复展开、确认造型，并把汇集的多种多样的设计方案进行比较研讨，力求让他人能够理解自己的设计意图而绘制概略效果图，进而完成最终效果图。其他人在观看、理解这些效果图的同时，会分别对设计方案进行比较研讨，从而决定设计方向。所以，这些图要做到

无论谁看都能够充分理解设计方案的造型、结构、色彩等重要方面。

在有必要进行设计方案的技术和尺寸研讨时，往往采用三视图（主视图、俯视图、侧视图）和二视图（主视图、俯视图或者侧视图）来加以表现。

从产品设计过程的造型设想阶段后期到设计研讨阶段之间，设计师在有限的时间内，必须大量绘制出能够用以比较、研讨造型的效果图。不言而喻，要想在有限的时间内绘制出更多的具有吸引力的效果图，熟练使用圆珠笔、麦克笔、色粉和彩色铅笔等干性画材，加上运用自如的简化表现技法，是画好效果图的先决条件。

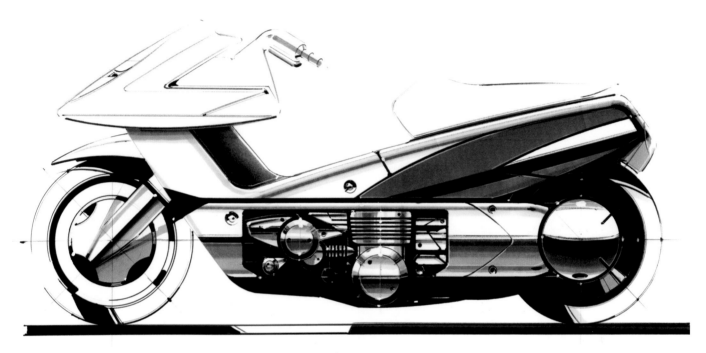

（上图）小型摩托车的概略效果图

这是为设计展开而绘制的小型摩托车的概略效果图。

详细绘制最想表现的机构部分，而其他部分则省略绘制。

在 A 3 白色绘图纸上，用COPIC灰色系麦克笔绘制。

（下图）办公用纸张打孔器的最终效果图

在A3白色绘图纸上，用麦克笔、色粉等绘制。

简洁的表现，无论谁看都能够理解造型的意图。

（上图）无线 LAN 机的最终效果图

这是选用 COPIC 灰色系麦克笔、灰和黑色粉为主要画材绘制的无线 LAN 机的最终效果图。

用黑色麦克笔大胆地表现了主体表面的大范围环境倒影，倒影的明亮的部分用绘图纸的留白简洁地加以表现，使观看的人都能够充分理解该产品的造型意图。

（下图）这是该产品设计过程中为造型研讨而绘制的概略效果图。为了便于比较研讨，产品绘制为黑白颜色并按水平方向进行了反转。

即使是完全同样的产品设计，方向和颜色的改变，也会给人们带来大不相同的印象。

（上图）运动鞋的最终效果图

由于运动鞋的主要色彩与色纸的颜色相同，所以绘图时比普通的白色绘图纸更省时省力，从而能大大缩短绘图时间。

注：本图所用A3色纸由CANSON公司出品。为了有效地表现皮革的光泽感，反光的部分用白色铅笔和白色广告颜料简洁地提出。

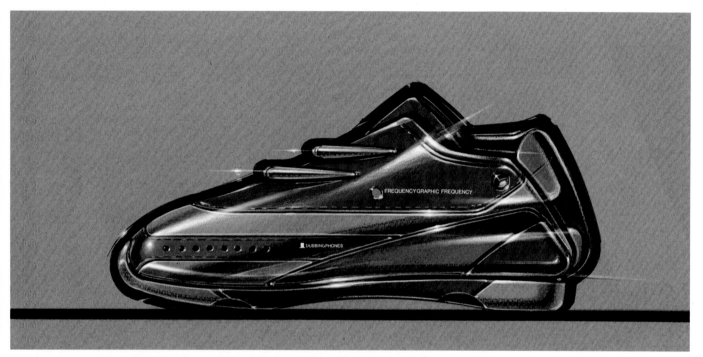

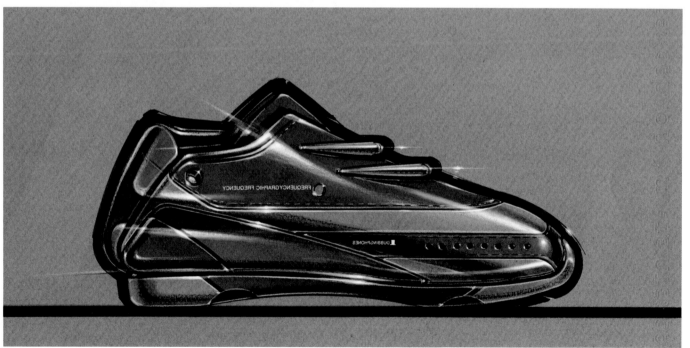

（下图）这是与上图运动鞋的设计完全相同的设计效果图，为了便于造型研讨，运动鞋绘制为黑白颜色并按水平方向进行了反转。

即使是完全同样的产品设计，方向和颜色的改变，也会给人们带来大不相同的印象。

　　绘制产品设计效果图的画材、工具因设计各阶段要求的不同而不同。在产品设计的策划、计划等初期阶段里，由于绘制的构思草图不以同他人交流为目的，所以绘图技法没有什么特殊规定。可是，在产品设计过程的造型展开阶段、造型研讨阶段、造型汇总阶段、造型决定阶段里，必须快速且准确地大量绘制出用于方案比较、研讨和供他人观看的效果图。

　　用于方案比较、研讨和供他人观看的效果图，无论谁看都要能够充分理解其表现对象的构造、材质、色彩。这种效果图的表现，有必要选择具有各种不同功能的画材和工具。尽管各种设计用画材和工具在市场上随处可见，但是为了更迅速地绘制出产品设计效果图，现在基本还是以具有速干性、简便性且应用广泛的水性、油性麦克笔为主，并辅以色粉和彩色铅笔。这里，我们把以麦克笔类为中心的画材、工具加以简单介绍。

■ 麦克笔（只介绍具有代表性的）

（1）STABILA YOUT 麦克笔

水性，共有 90 种颜色。笔杆内充满墨水，一支笔可以涂满一张 B1 大小的纸。

（2）TRIA PANTONE 彩色麦克笔

墨水是酒精型的，共有 287 种颜色。笔尖分极细、中细、粗 3 种。

（3）EAGLECOLOR ART 麦克笔

墨水是酒精型的，共有 129 种颜色。

（4）COPIC 麦克笔

可以在复印过的图纸上直接描绘，不会溶解复印墨粉。笔杆两头都有笔尖，分别为细和粗。墨水是酒精型的，透明、速干，颜色可以自由混合。共有 214 种颜色，分别有单支（有 214 种颜色）、12 色系列、36 色系列、72 色系列、144 色系列等。

（5）COPIC SKETCH 麦克笔

笔尖柔软，可以表现毛笔那样的笔触，与 COPIC 麦克笔同样，可以在复印过的图纸上直接描绘，且不会溶解复印墨粉。与速干、耐久性良好的酒精型墨水并用。共有 214 种颜色，分别有单支（有 214 种颜色）、12 色系列、36 色系列、72 色系列、144 色系列等。

（6）COPIC VARIOUS 墨水（补充用墨水）

是 COPIC 麦克笔、COPIC SKETCH 麦克笔、COPIC WIDE 麦克笔的补充用墨水。颜色种类同 COPIC 麦克笔一样，共有 214 种，可以自由混合使用。

（7）MAXON 溶剂

可以稀释麦克笔的酒精型墨水，使墨水颜色变浅，也可以擦拭沾在尺子上的污迹（可用工业用酒精代替）。

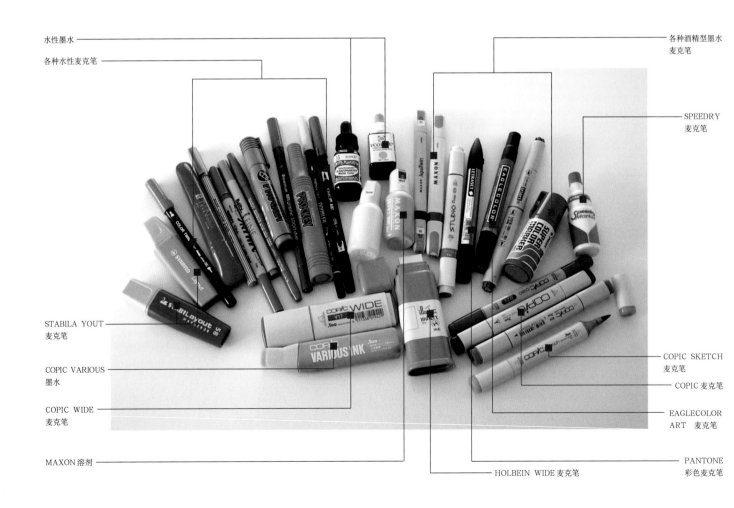

喷雾式色粉定画液

色粉棒

面巾纸和卫生纸

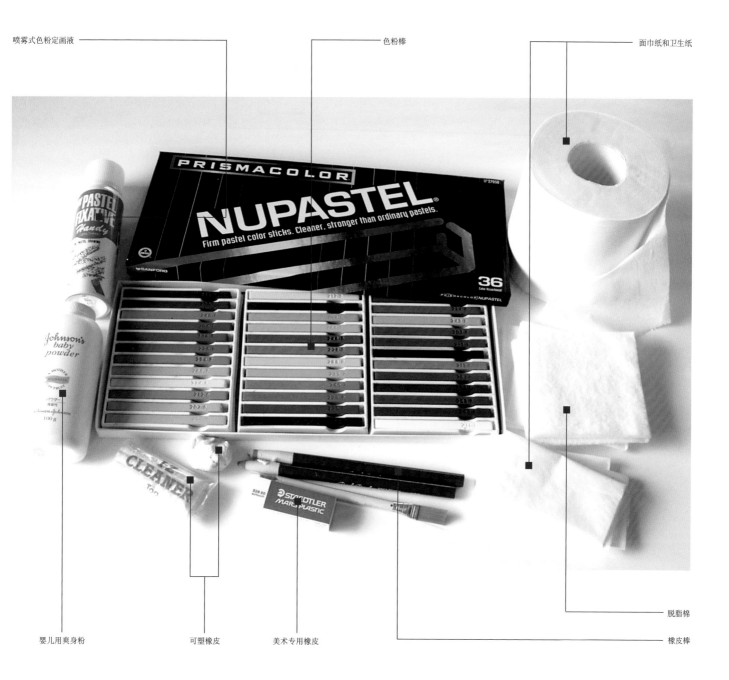

婴儿用爽身粉

可塑橡皮

美术专用橡皮

脱脂棉

橡皮棒

■ 色粉棒及其相关用品

（1）色粉棒

共有100种颜色，色泽鲜艳且粉粒细腻柔软，吸附性好。特别是中间色和微妙的浓淡变化可以通过混色达到良好的表现效果。分别有单色、12色系列、36色系列、60色系列、96色系列等。

（2）喷雾式色粉定画液

最适合于色粉的固色和保护的高级定画液。定画后具有优良耐久性和耐磨性，喷涂不会对画面产生任何影响，定画后还能继续作画。

（3）可塑橡皮

用于擦拭色粉和铅笔等的白色膏状橡皮，使用非常方便，不会损伤纸面。

（4）美术专用橡皮

以柔软的塑料为主要材料制作而成，可以用于制图用纸、胶片、描图纸（亦称硫酸纸）、PM绘图纸等的涂改，不易损伤纸面，也不会残留橡皮屑。

（5）橡皮棒

外形像铅笔，用于擦淡色粉、铅笔等所描绘的痕迹，表现细节部分的中间色调。

（6）婴儿用爽身粉

与色粉混合使用，可以使画面的色彩浓淡度表现得更加平滑光洁。

（7）脱脂棉

用于涂抹色粉，或者用它蘸上麦克笔墨水来绘制背景。

（8）面巾纸和卫生纸

用于铺涂色粉和擦拭尺子等工具上的污迹。

■彩色铅笔、钢笔、其他工具

（1）转笔刀
削铅笔用。

（2）针管绘图笔
分水性和油性两种，有多种粗细规格和颜色，有利于效果图的表现。
水性和油性都有8种不同粗细的笔尖（0.05mm、0.1mm、0.2mm、0.3mm、0.4mm、0.5mm、0.8mm、1.0mm），分黑、红、蓝、绿4种颜色。

（3）圆珠笔（细）
用于绘制构思草图、概略效果图、最终效果图等的线条。比针管绘图笔更适合于绘制纤细的线条。

（4）彩色铅笔（BEROL EAGLECOLOR）
用经严格挑选的，具有高吸附显色性的高级微粒颜料制成。它具有高透明度和色彩度，在各类型纸上使用时都能均匀着色、流畅描绘，笔芯不易从芯槽中脱落。有单支系列（有129种颜色）、12色系列、24色系列、48色系列、72色系列、96色系列等。

（5）白色广告颜料
主要用于绘制高光线、高光点、轮廓线等。

（6）颜料吸附加强液（COLOR STICK）
亦称色胶。在广告颜料中滴入1～2滴混合，可以加强颜料在表面光滑且具有弹性的树脂、胶片、照片等材料上的吸附性，且更容易描绘。

（7）遮盖胶带
不同于普通胶带纸，黏性不强，贴上胶带纸后可轻易剥下且不伤底纸。

（8）面相笔
日本生产的，用猫毛制作的一种勾线用毛笔。类似于中国生产的叶筋笔。笔尖非常柔软，适合于勾勒细节部分。在表现高光点、高光线、轮廓线时也经常使用。

（9）调色碟
用来盛广告颜料和各种墨水。

（10）刀
裁切纸张、胶片、胶带等。

（11）羽毛掸
掸掉效果图画面上、桌面上的橡皮屑等污物。

（12）多用途圆规
可与麦克笔、刀、铅笔等组合使用，从而使圆规得到更多的用途。

（13）修正液（白色）
速干且使用方便，除了修改外，有时还可以代替白色广告颜料。

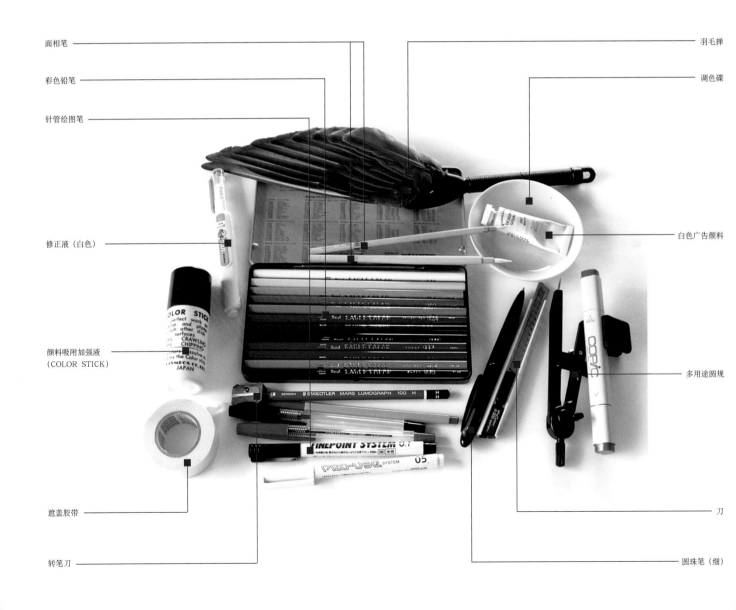

面相笔
彩色铅笔
针管绘图笔
修正液（白色）
颜料吸附加强液（COLOR STICK）
遮盖胶带
转笔刀
羽毛掸
调色碟
白色广告颜料
多用途圆规
刀
圆珠笔（细）

■尺

(1) 直尺

这里指的是沟槽直尺。长约30 cm且带沟槽的透明树脂直尺比较好用。绘图笔沿着直尺沟槽可以光滑顺畅地描绘直线。

(2) 椭圆模板

一套共26块，含有投影角15°～75°、间隔5°的13种椭圆，每种两块。

(3) 曲线尺（只介绍常用的2种）

①弧形尺。

比系统组合尺有更多种曲线的高性能工业用曲线尺。

由于可以自由表现较广范围的曲线，所以最适合于效果图作业。

②纸带图弧形尺。

这是一种可替代几种曲线尺同时使用的，根据曲率半径平滑地描绘曲线的曲线尺。

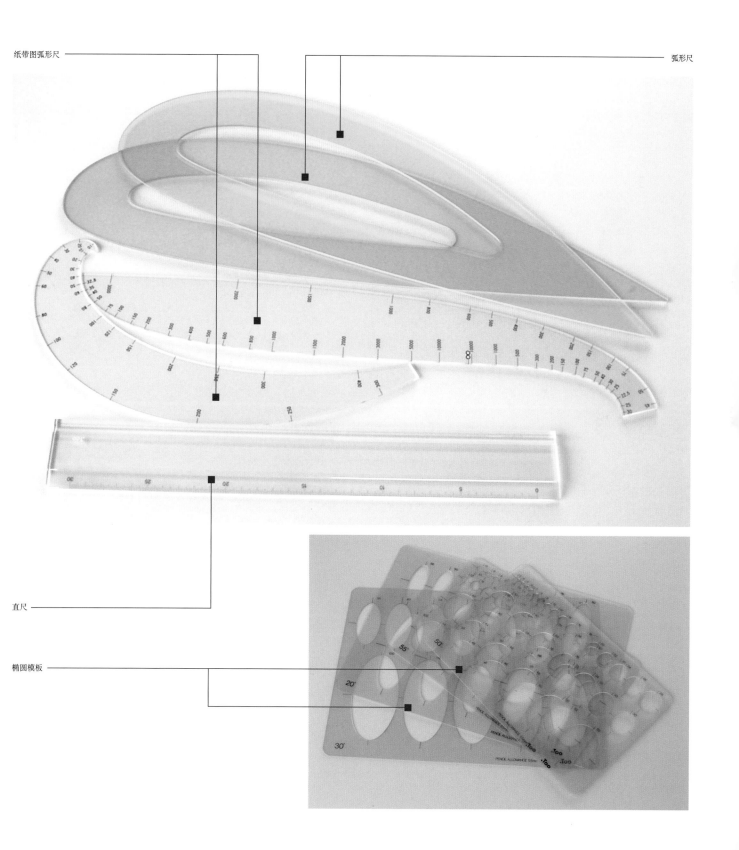

纸带图弧形尺

弧形尺

直尺

椭圆模板

■效果图用纸

(1) 白色绘图纸

亦称拍纸簿，是适合于色粉、麦克笔描绘的按标准版面设计的绘图纸。纸质的粗糙度、硬度、厚度以及渗透性适宜，且对麦克笔、色粉、黑色笔、墨水等有较好的吸附性，尤其适合油性麦克笔、水性麦克笔和色粉。即使使用笔尖尖锐的绘图笔、鸭嘴笔或橡皮，纸的表面也不起毛，画出的线条整齐漂亮。

(2) 描图纸（硫酸纸）

这种纸透明度好，对铅笔、彩色铅笔、色粉、墨水的吸附性好，使用油性麦克笔时也不会渗透到下面的纸张，广泛使用在制图、版面设计、草绘、刻木版的草稿和插图画等方面。

(3) V.R 绘图纸

有很好的透明度和强度，纸张较厚且不易变形。特别是对麦克笔、色粉和彩色铅笔的吸附性好。另外，在绘图纸的背面描绘，从正面看可以产生微妙的色彩浓淡渐变的表现效果。

白色绘图纸

白色绘图纸

描图纸（硫酸纸）

V.R 绘图纸

白色绘图纸

（4）CANSON COLORED PAPER（色纸的一种）

由于该纸的粗糙度适宜，所以对广告颜料、色粉、彩色铅笔等有较好的吸附性，而且颜色种类也非常丰富。

同时，由于纸质结实，也广泛用于制图、版面设计、建筑效果图等。

（5）PANTONE COLORED PAPER（色纸的一种）

是在优质纸张上直接印刷出来的没有色斑的彩色纸，颜色种类多达1 000

种，对墨水、色粉等有较好的吸附性。所以是在暗背景上表现明亮的色彩、突出高光时不可或缺的纸张。

（6）MUSE 彩色纸（色纸的一种）

纸的粗糙度适宜，颜色共有65种之多。

由于对色粉、彩色铅笔等有较好的吸附性，可广泛用于产品设计效果图，也可作包装用纸等。

CANSON COLORED PAPER ——————

MUSE 彩色纸

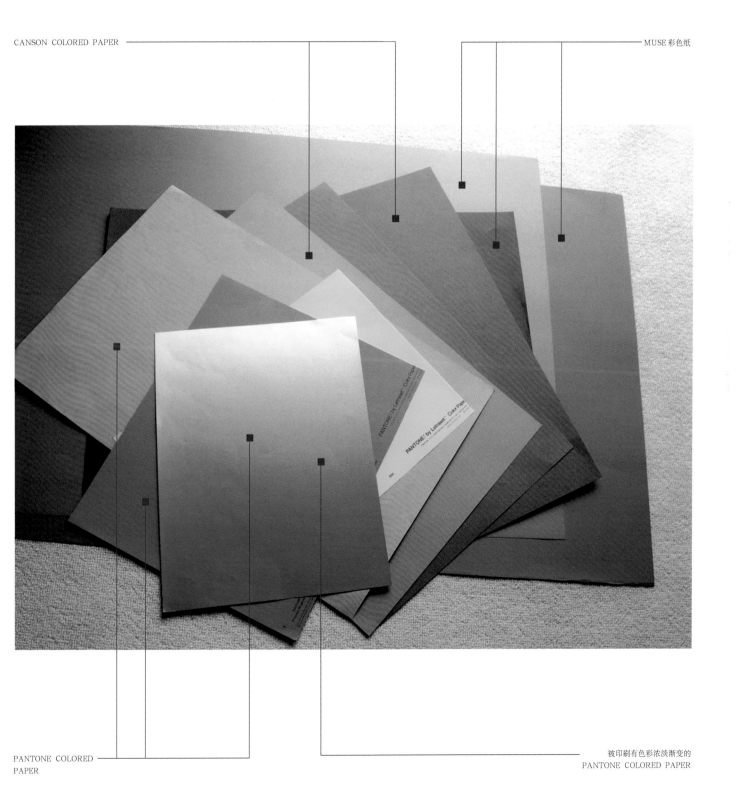

PANTONE COLORED
PAPER

被印刷有色彩浓淡渐变的
PANTONE COLORED PAPER

产品设计中使用的透视法是把映入人们眼帘的三维世界在二维的平面上加以表现的方法。从线远近法开始，经过各种各样的发展过程，才形成了今天业已系统化的立体图方法。产品设计师在设计产品造型，并通过效果图向他人传达时，透视图是极其有效的手段。所以，透视法是产品设计师必须学习和掌握的技术之一。

透视图技法最早在建筑领域里得到发展，这也使之在图学领域里占有相应的位置，但当时的透视图画起来比较难，而且还有误差。

20世纪50年代，美国伊利诺伊理工大学设计学院主任达布令(Jay Doblin)教授发表了《设计师的透视法》，弥补了以往透视法的缺陷，确立了其作图方法的简易性、正确性，甚至可事先确定图的比例，从而确立了产品设计用的透视法，直至今天世界各国设计师绘制的产品立体图还几乎都受其影响。

这种透视图法是通过熟练地判断视点、灭点等来绘制的方法，因其具有迅速准确的特点，成为产品设计师经常使用的透视图法(本书就是通过这种透视图来完成诸多产品设计效果图的)。下面就依前面所述，用简单正确的45°透视法和30°～60°透视法介绍两个产品设计效果图的实例。

■ 45° 透视法及其应用实例

45°透视法是产品的正面与侧面大小基本相等，且都需要表现的透视图。

● 45°透视法（2距点透视法）

①画一条水平线（视平线），定出线上的消失点VPL和VPR。

②找出VPL和VPR的中点VC。

③由VC向下引垂线。

④由VPL、VPR可向垂线上的任一点引透视线，由此可决定立方体最近的一个角N。

⑤作与点N任意距离的水平对角线，交透视线于点A、B。

⑥由A、B分别向VPR、VPL引透视线，得到立方体的底面透视图。

⑦由底面（透视正方形）的各角画垂线。

⑧将点B绕点A逆时针旋转45°得到点X。

⑨通过点X引水平对角线，求得立方体的对角面。

⑩通过各点引透视线得到立方体的顶面，从而完成立方体。

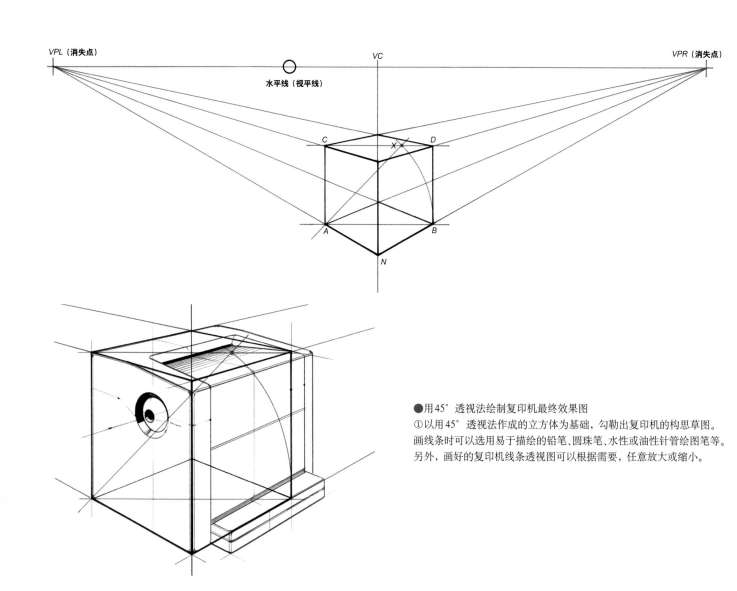

● 用45°透视法绘制复印机最终效果图

①以用45°透视法作成的立方体为基础，勾勒出复印机的构思草图。画线条时可以选用易于描绘的铅笔、圆珠笔、水性或油性针管绘图笔等。另外，画好的复印机线条透视图可以根据需要，任意放大或缩小。

②在给效果图上色之前，对构思草图进行修改、完善，并概略地勾勒出来。

在步骤①所完成的构思草图上覆盖一张 A4 白色绘图纸，用黑色圆珠笔、水性或油性针管绘图笔、彩色铅笔等绘出轮廓线和细部。必要时，用水性麦克笔、油性麦克笔简洁地表现背景和阴影部分。

另外，直线和圆分别用直尺和椭圆模板规范绘制。

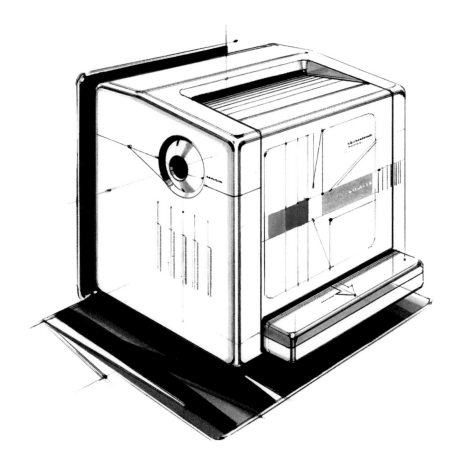

③在步骤①和②所完成的勾线图上覆盖一张 A4白色绘图纸，用黑色圆珠笔绘出轮廓线和细部。

绘制完成后，用遮盖胶带把背景、阴影的外围遮盖住，选用适当色彩的麦克笔墨水简洁地铺涂背景和阴影（本例是用面巾纸蘸上绿色系麦克笔墨水，大致按垂直方向铺涂而成）。

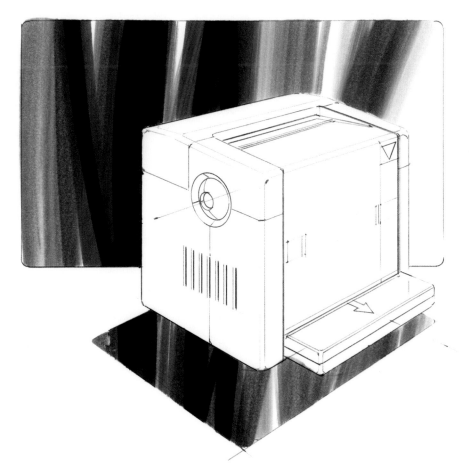

④用水性、油性麦克笔简洁地绘制出细节和暗部。
直线和圆分别用直尺和椭圆模板规范绘制。

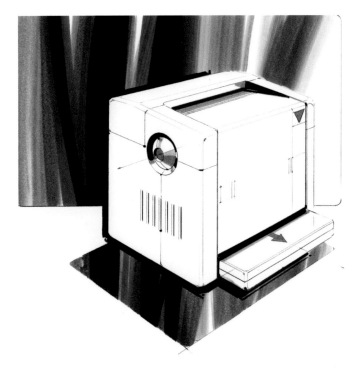

⑤用灰色系和其他颜色的麦克笔来刻画复印机的其他细部和暗部。

⑥用色粉进行处理。
　　用折叠成小块的面巾纸或脱脂棉的尖端蘸上绿色系色粉，对复印机主体表面进行铺色。亮部可以用美术专用橡皮、橡皮棒或可塑橡皮擦出。
　　色粉处理完毕后，用喷雾式色粉定画液喷涂画面，使画面上的色粉得到固定和保护。

⑦用削尖的白色铅笔简洁地表现亮部轮廓线、高光线，以及其他亮部。

直线和圆分别用直尺和椭圆模板规范绘制。

⑧用面相笔（日本产的一种勾线用毛笔）蘸上白色广告颜料，把亮部轮廓线、高光线、高光点以及其他亮部简洁细致地提出来。画高光直线时，将中指夹在面相笔和笔杆中间，使二者不能随意晃动，然后用笔杆紧靠直尺沟槽轻快地描绘。

在白色的广告颜料里滴入数滴颜料吸附加强液（COLOR STICK，亦称色胶）并充分混合，这样会使颜料在纸张上的吸附性更佳。

到此，用45°透视法绘制的复印机最终效果图就基本完成了。

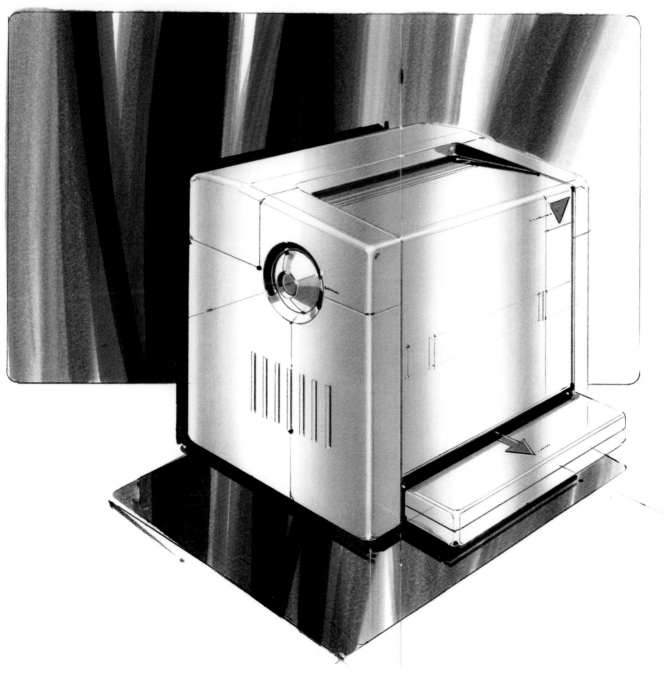

■ 30°～60°透视法及其应用实例

30°～60°透视法常用于产品需要分别表现主次面时的透视图。

● 30°～60°透视法（2余点透视法）

①画一条水平线（视平线），定出线上的消失点 VPL 和 VPR。

②定出 VPL 和 VPR 的中点 MPY 为测点。

③定出 MPY 和 VPL 的中点 VC。

④定出 VC 和 VPL 的中点 MPX 为测点。

⑤从 VC 向下引垂线，在适当位置定出立方体的最近角 N。

⑥通过 N 引出水平线 ML 作为基线。

⑦定出立方体的高度 NH。

⑧以 N 点为中心，NH 为半径画圆弧交基线 ML 于 X 和 Y 点。

⑨由 N 点向左右的消失点引出透视线，并同样作出由 H 点引出的透视线。

⑩连接 MPX 与 X、MPY 与 Y，得到与透视线的交点。透视线和其交点决定了立方体的进深。

⑪从立方体底面的4个顶点分别画出垂线，从而完成立方体。

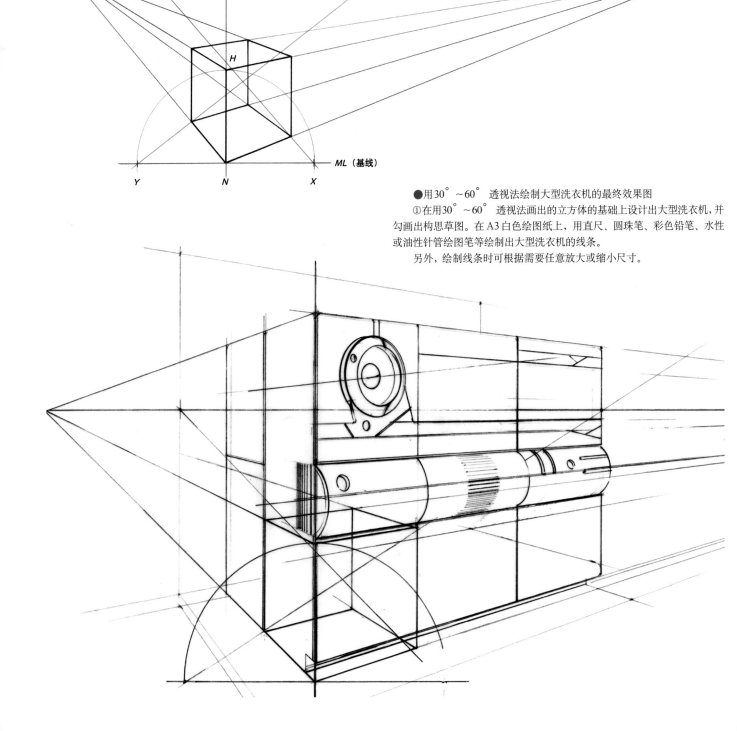

● 用30°～60°透视法绘制大型洗衣机的最终效果图

①在用30°～60°透视法画出的立方体的基础上设计出大型洗衣机，并勾画出构思草图。在A3白色绘图纸上，用直尺、圆珠笔、彩色铅笔、水性或油性针管绘图笔等绘制出大型洗衣机的线条。

另外，绘制线条时可根据需要任意放大或缩小尺寸。

②在步骤①所完成的构思草图上覆盖一张A3
白色绘图纸,用黑色圆珠笔、黑色水性针管绘图笔
等绘出轮廓线和细部。
　直线、圆和曲线分别用直尺、椭圆模板和曲线
尺规范绘制。

③开关按钮和LED指示灯等彩色部分用喜好
颜色的麦克笔简洁地绘出(本例分别选用COPIC
麦克笔红色系R29,橙色系YR07,蓝色系B34)。
　圆筒形的金属部用COPIC灰色系麦克笔
No.2～No.10(黑)绘制,简洁地表现金属质感。
　注:金属的明亮部分用绘图纸的留白加以
表现。

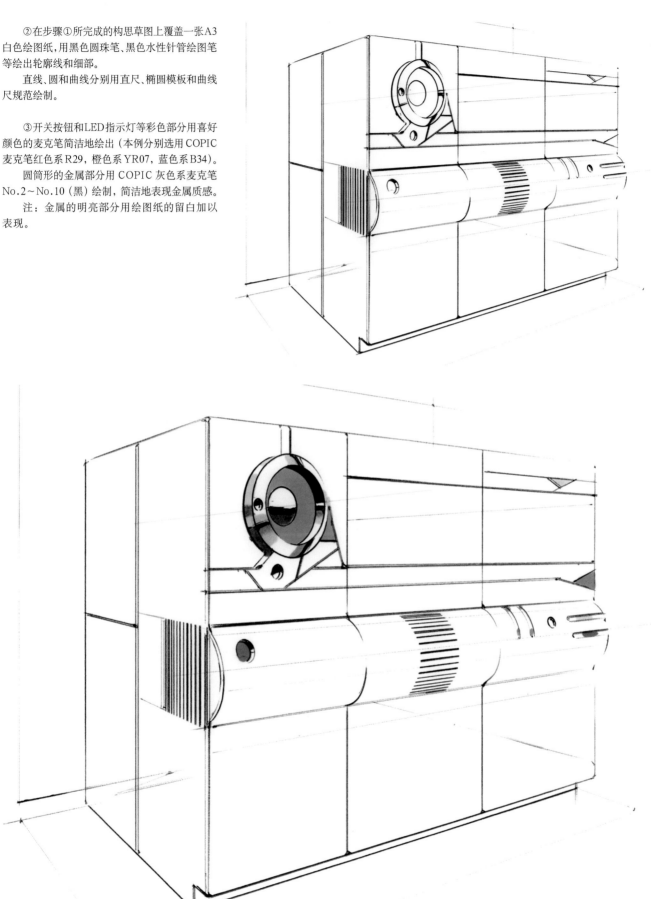

④用色粉表现主体表面的环境倒影。

为了不使色粉溢出倒影边界，用遮盖胶带把倒影外围和产品主体遮盖住，用折叠成小块的面巾纸或脱脂棉的尖端蘸上灰色系色粉铺涂，简洁地表现环境倒影。

亮部可用绘图纸的留白，也可用美术专用橡皮、橡皮棒或可塑橡皮擦出。

⑤同样，对横长半圆筒的阴影部分也可用折叠成小块的面巾纸或脱脂棉的尖端蘸上灰色系色粉铺涂而成。

注：铺涂灰色系色粉时，也可用直尺遮盖住阴影外围部分按水平方向进行铺涂。

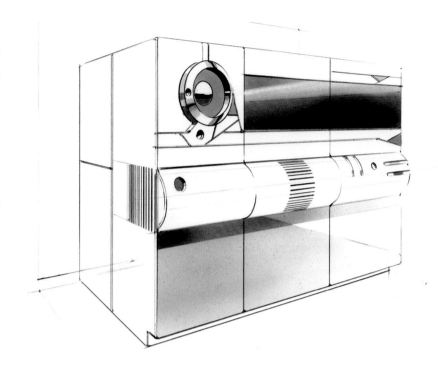

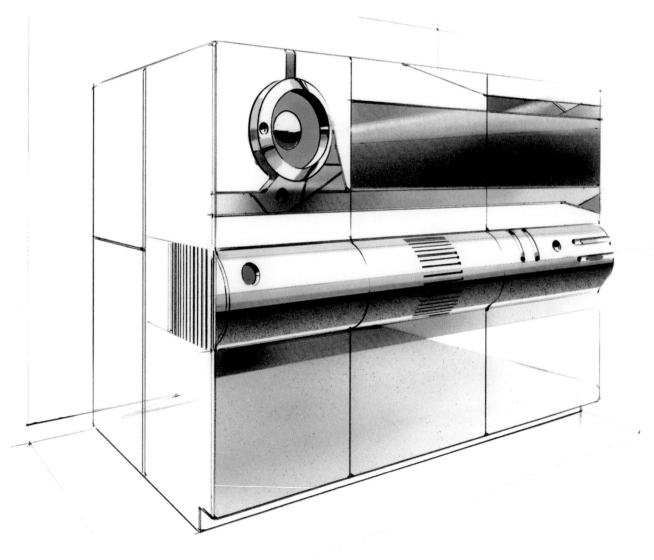

⑥绘制背景。

用遮盖胶带把背景外围和产品主体遮盖住，用折叠成小块的面巾纸或脱脂棉的尖端蘸上灰色系色粉铺涂，简洁地表现背景。

色粉铺涂完后，用喷雾式色粉定画液喷涂画面，使画面上的色粉得到固定和保护。

注：背景的绘制方法有很多种，也可选用喜好的画材和其他方法来加以表现。

⑦选用COPIC灰色系麦克笔No.10（黑）、黑色圆珠笔、黑色水性针管绘图笔和黑色铅笔，简洁地强调分割线和轮廓线等。

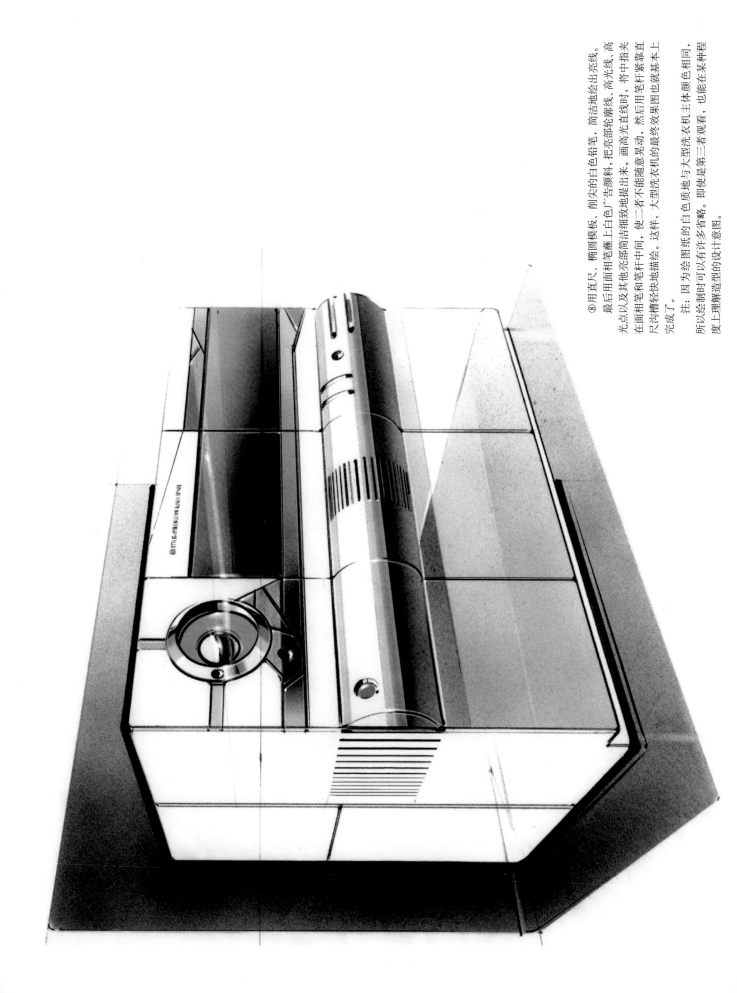

⑧用直尺、椭圆模板、削尖的白色铅笔，简洁地绘出亮线。最后用面相笔蘸上白色广告颜料，把亮部轮廓线、高光线、高光点以及其他亮部简洁细致地提出来。画高光直线时，将中指紧靠直尺沟槽轻快地描绘。这样，大型洗衣机的最终效果图也就基本上完成了。

注：因为绘图纸的白色质地与大型洗衣机主体颜色相同，所以绘制时可以有许多省略。即使是第三者观看，也能在某种程度上理解造型的设计意图。

■ 电吹风的设计效果图

这是为练习形态的创意展开而绘制的电吹风效果图。

从诸多幅构思草图中任选一幅并绘制最终效果图。

① 绘制勾线图。

以构思草图的造型为基础，以观察电吹风的最佳透视角度，在描图纸（硫酸纸）或白色复印纸上用圆珠笔、彩色铅笔、黑细麦克笔等绘制电吹风的线条。

② 在步骤①完成的勾线图上覆盖一张A3白色绘图纸，选用COPIC红色系麦克笔R17描绘主体表面的环境倒影和细部。

直线、曲线分别用直尺和曲线尺规范绘制。

③ 选用COPIC灰色系麦克笔No.2～No.7绘制吹风口部、细部的阴影。

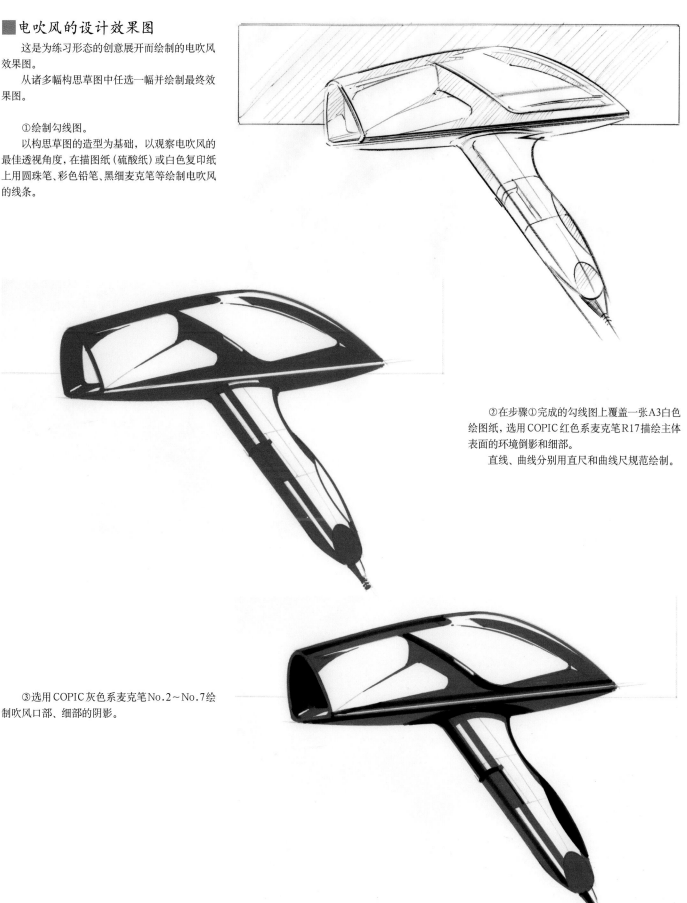

④用直尺和曲线尺、COPIC 灰色系麦克笔
No.10（黑）简洁地绘出最暗的细部。

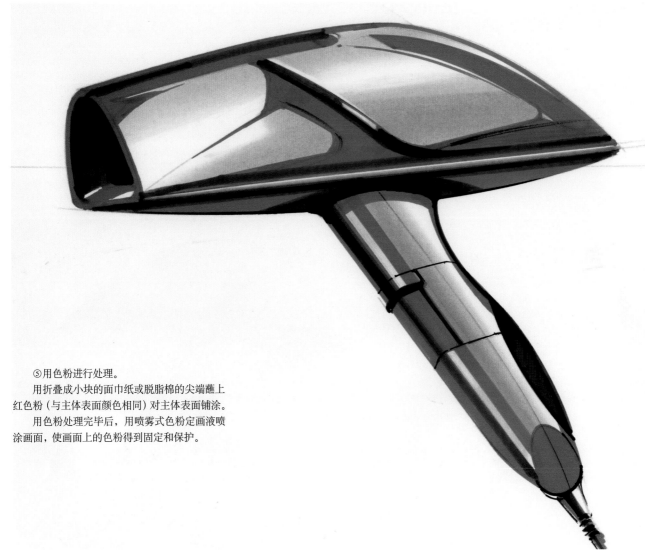

⑤用色粉进行处理。
　　用折叠成小块的面巾纸或脱脂棉的尖端蘸上
红色粉（与主体表面颜色相同）对主体表面铺涂。
　　用色粉处理完毕后，用喷雾式色粉定画液喷
涂画面，使画面上的色粉得到固定和保护。

⑥用直尺和曲线尺、削尖的白色铅笔简洁地绘出亮分割线、轮廓线和细部等。

注：主体表面的细小文字可用黑细麦克笔、水性针管绘图笔等极其简洁地表现。

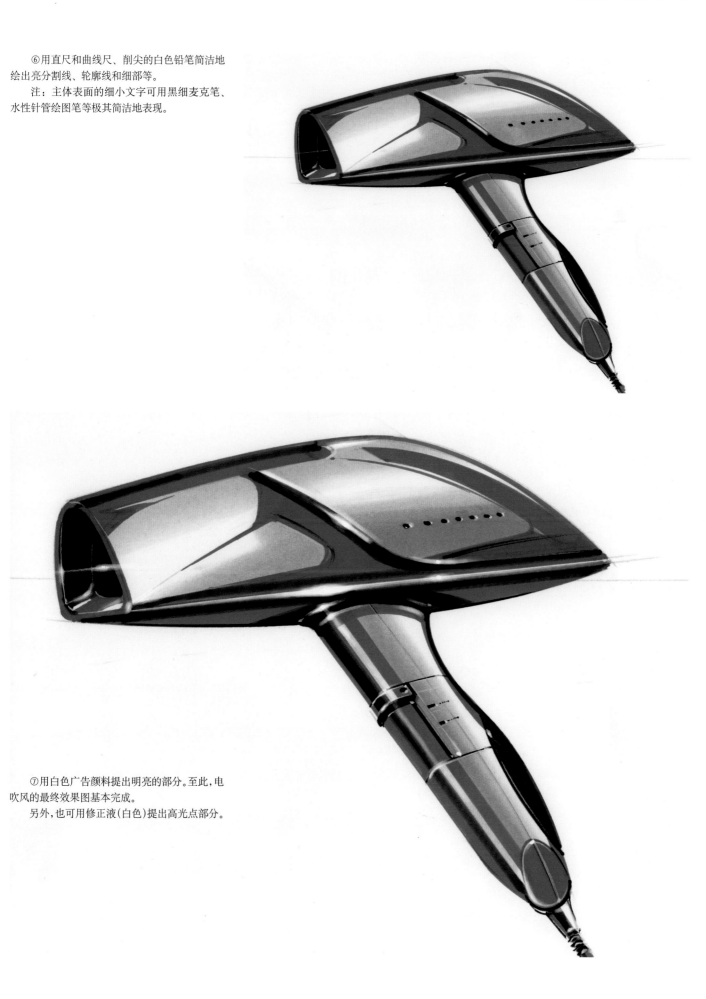

⑦用白色广告颜料提出明亮的部分。至此，电吹风的最终效果图基本完成。

另外，也可用修正液（白色）提出高光点部分。

⑧对完成的最终效果图添加背景。用遮盖胶带遮盖住电吹风和背景的外围，然后用喜好颜色的色粉按斜上下方向铺涂表现。

明亮的部分用白色广告颜料提出 —————————

选用COPIC红色系麦克笔R17绘制主体表面的环境倒影

背景用喜好颜色的色粉按斜上下方向铺涂表现 —————

选用COPIC灰色系麦克笔No.10绘制最暗的棱线

亮线用削尖的白色铅笔绘出 —————————

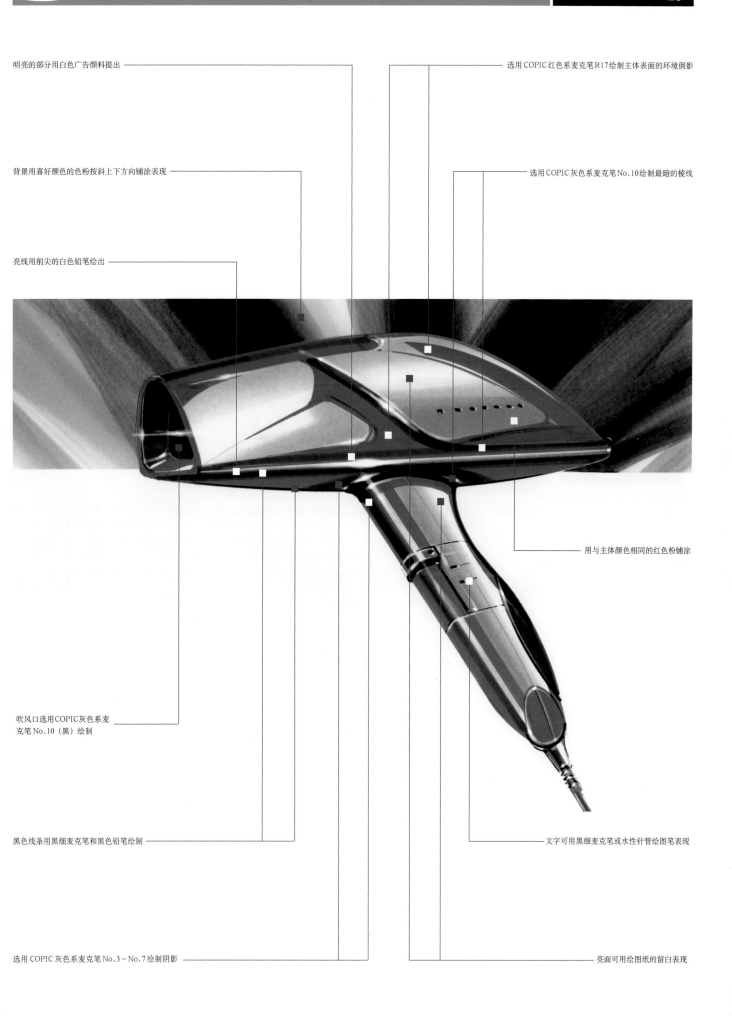

用与主体颜色相同的红色粉铺涂

吹风口选用COPIC灰色系麦
克笔No.10（黑）绘制

黑色线条用黑细麦克笔和黑色铅笔绘制 —————

文字可用黑细麦克笔或水性针管绘图笔表现

选用COPIC灰色系麦克笔No.3~No.7绘制阴影 —————

亮面可用绘图纸的留白表现

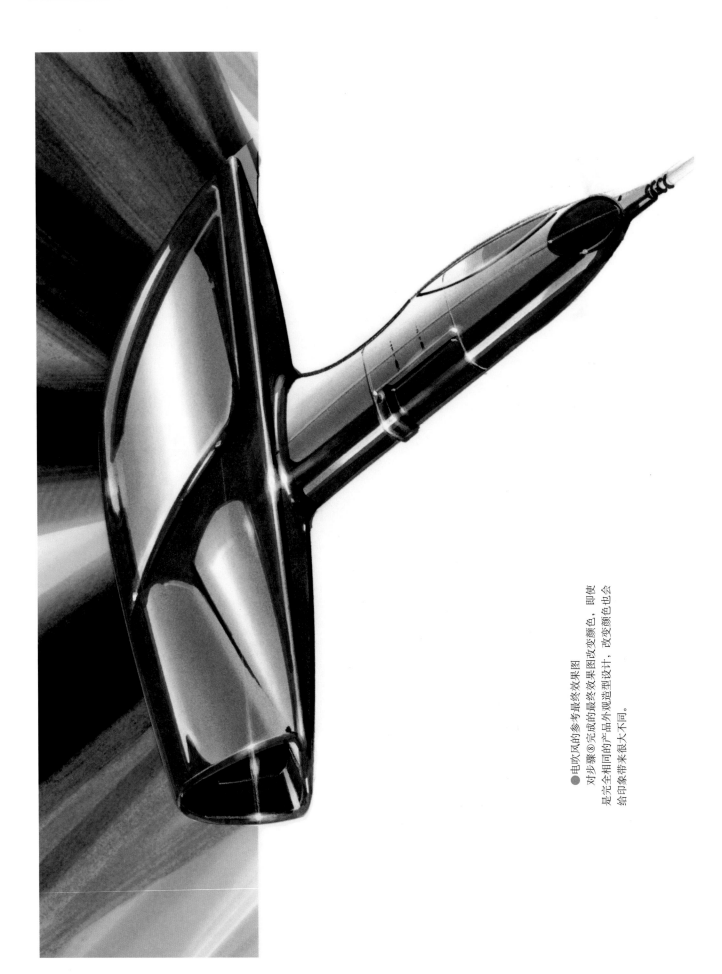

●电吹风的参考最终效果图

对步骤⑧完成的最终效果图改变颜色，即使是完全相同的最终造型设计，改变颜色也会给印象带来很大不同。

■无线·LAN机的设计效果图

这是在产品开发过程中绘制的一幅设计效果图。

从诸多构思草图中选择一幅并绘制最终效果图。

①绘制勾线图。

以构思草图的造型为基础,以观察无线·LAN机的最佳透视角度,在描图纸(硫酸纸)或复印纸上用圆珠笔、彩色铅笔、黑细麦克笔等描绘无线·LAN机的线条。

直线、曲线分别用直尺和曲线尺规范绘制。

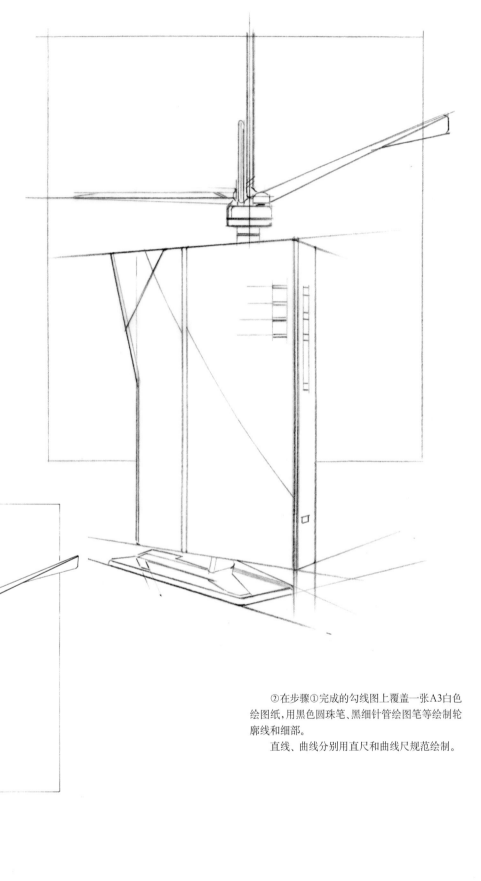

②在步骤①完成的勾线图上覆盖一张A3白色绘图纸,用黑色圆珠笔、黑细针管绘图笔等绘制轮廓线和细部。

直线、曲线分别用直尺和曲线尺规范绘制。

③用麦克笔进行处理。

选用COPIC灰色系麦克笔No.2～No.6绘制天线和底座的阴影部分。

注：为避免麦克笔的墨水洇出边界，用直尺规范绘制。

④用喜好颜色的麦克笔（本例选用COPIC紫色系麦克笔V09、红色系麦克笔R17、蓝色系麦克笔B24、绿色系麦克笔G09）简洁地绘出天线和LED部分。

⑤选用COPIC灰色系麦克笔No.7～No.8绘制无线·LAN机的侧面。

注：为避免麦克笔的墨水洇出边界，用直尺规范绘制。

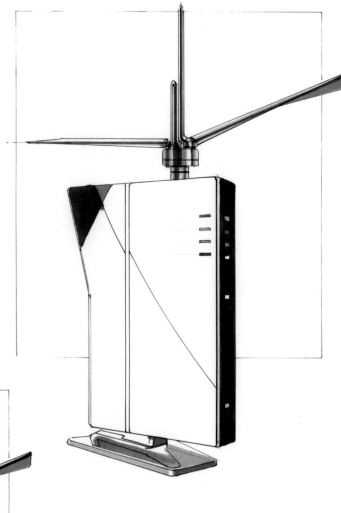

⑥选用COPIC灰色系麦克笔No.10（黑）绘制主体表面浓重的环境倒影，从而简洁地表现主体表面的光泽感。

接着，用同样的麦克笔绘制天线、底座周围最暗的部分以及纵向分割线。

注：为避免麦克笔的墨水洇出边界，用直尺规范绘制。

⑦用色粉进行处理。

用折叠成小块的面巾纸或脱脂棉的尖端蘸上蓝色系色粉铺涂，表现主体表面上的倒影。

进而在铺涂的蓝色系色粉上面再铺涂少量黑色粉。

倒影的明亮部分用绘图纸的留白表现，也可用美术专用橡皮、可塑橡皮或橡皮棒擦出。

⑧用直尺、削尖的白色铅笔简洁地提出亮分割线、轮廓线和细部等。

⑨用白色广告颜料或修正液(白色)提出高光点。这样，没有背景的最终效果图就基本完成了。

⑩在另外一张白色绘图纸上绘制背景。

任意确定背景的范围，用喜好颜色的麦克笔(本例选用 COPIC 蓝色系麦克笔 B32 和灰色系麦克笔 No.2~No.9)按斜上下方向反复铺色，简洁地表现背景。

⑪ 把步骤⑨画好的效果图剪下来贴在背景上，从而完成带有背景的最终效果图。

⑯最后完成的带有背景的无线·LAN机最终效果图。

注：背景的绘制方法没有固定的模式，只要用自己喜好的画材、喜好的方法来加以表现就可以。

用蓝色系色粉表现倒影

高光部分用绘图纸的留白，也可用美术专用橡皮、可塑橡皮或橡皮棒擦出

用削尖的白色铅笔绘出亮分割线、轮廓线和细部

用少量黑色粉铺涂

用白色广告颜料和修正液（白色）提出高光点

选用COPIC灰色系麦克笔No.2~No.6简洁地表现金属质感

选用COPIC蓝色系麦克笔B32和灰色系麦克笔No.2~No.9简洁地表现背景

选用COPIC灰色系麦克笔No.2~No.6简洁地表现金属质感

用黑色圆珠笔、黑色铅笔和黑细麦克笔绘出轮廓线

选用COPIC红色系、蓝色系和绿色系麦克笔等绘出LED指示灯

用白色广告颜料和白色铅笔绘出文字部分

选用COPIC灰色系麦克笔No.10（黑）表现最暗的部分

■ 胶带座的设计效果图

参考儿童游戏脚踏车的形态来设计胶带座的造型，然后用最终效果图来表现。

①绘制勾线图。

在描图纸或白色绘图纸上用黑或红色铅笔勾绘出胶带座的线条。

绘出胶带座的阴影和背景的确切范围。

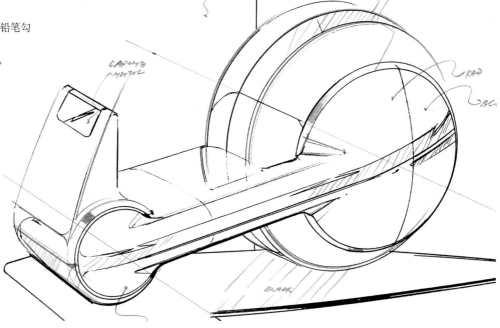

②在步骤①完成的勾线图上覆盖一张A3白色绘图纸，用黑色和红色圆珠笔绘出胶带座的轮廓线和细部。

直线、圆和曲线分别用直尺、椭圆模板和曲线尺规范绘制。

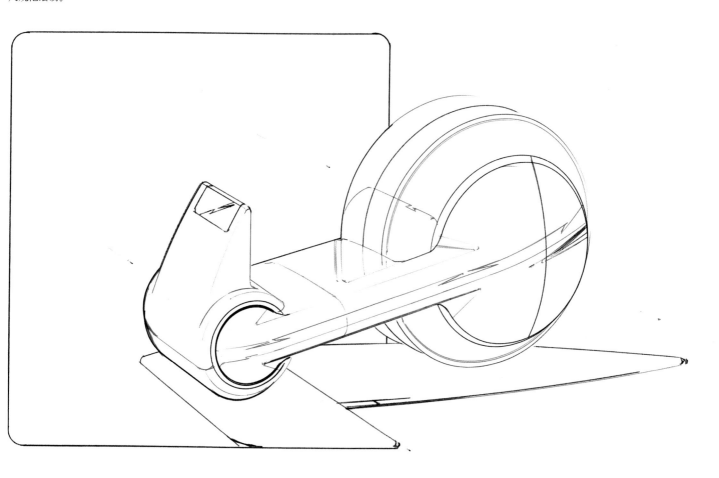

③用麦克笔进行处理。
胶带座主体上的环境倒影用红色麦克笔（水性、油性均可）绘出。
注：本例胶带座主体固有色为红色，所以用红色麦克笔来表现。

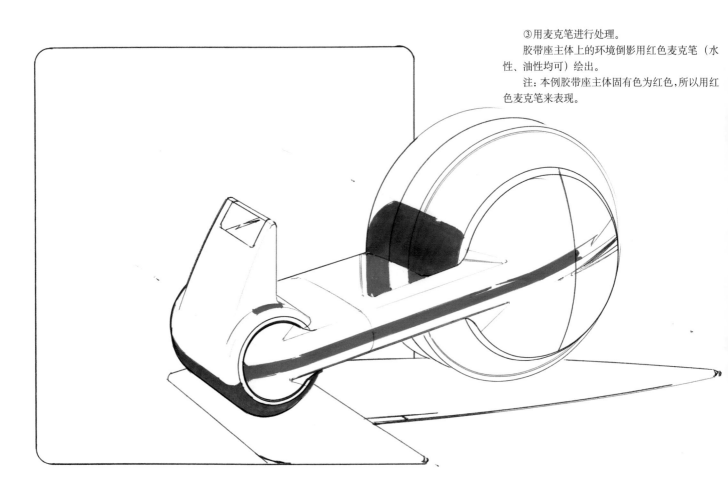

④用黑色麦克笔刻画阴影、分割线和细部。
刀刃部分（金属部分）的环境倒影用黑色麦克笔表现。

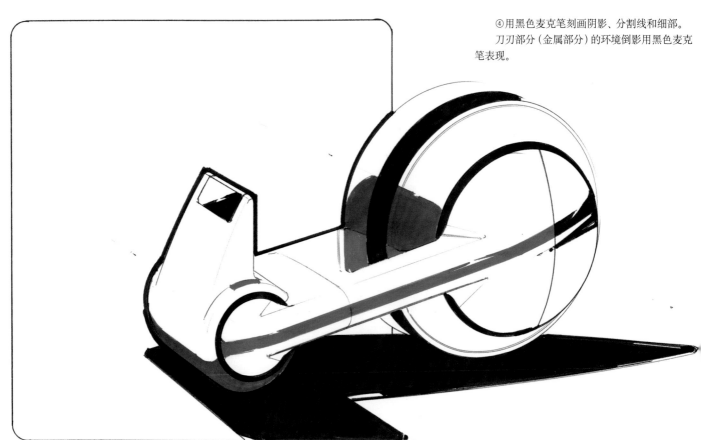

⑤绘制背景。

用遮盖胶带遮盖住胶带座和背景的外围，然后用任意颜色的麦克笔大致按水平方向铺涂表现。

注：本例使用的是蓝色系、绿色系和灰色系的麦克笔。

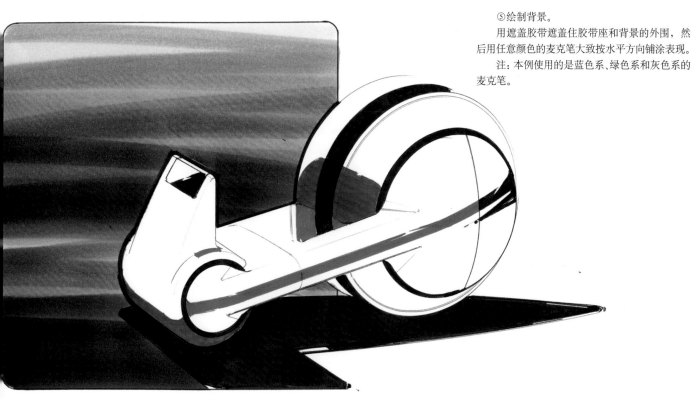

⑥用色粉进行处理。

先遮盖住胶带座的主体部分的外围，再用折叠成小块的面巾纸或脱脂棉的尖端蘸上主体固有色的色粉（本例使用红色）进行铺色。

表现亮线和其他亮部，可先用色粉铺色，然后再用橡皮棒擦出。

注：为了使画面更加光洁且更易于表现色彩渐变，可在色粉中掺入色粉总量30%左右的婴儿用爽身粉，充分混合后使用。

⑦色粉处理完毕后，用喷雾式色粉定画液喷涂画面，使画面上的色粉得到固定和保护。

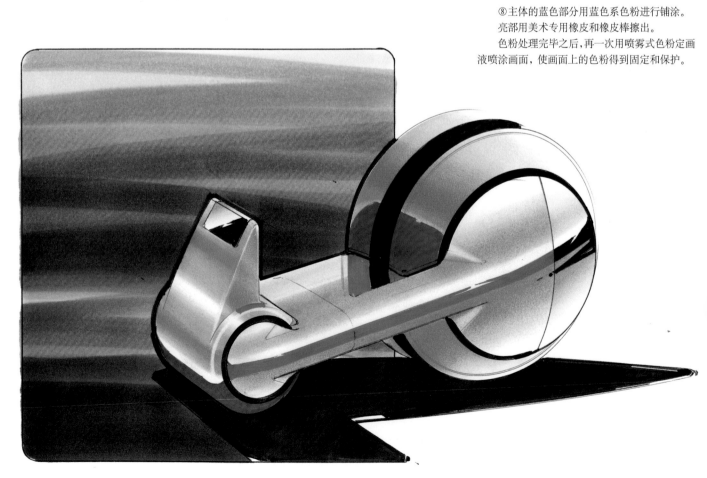

⑧主体的蓝色部分用蓝色系色粉进行铺涂。亮部用美术专用橡皮和橡皮棒擦出。

色粉处理完毕之后，再一次用喷雾式色粉定画液喷涂画面，使画面上的色粉得到固定和保护。

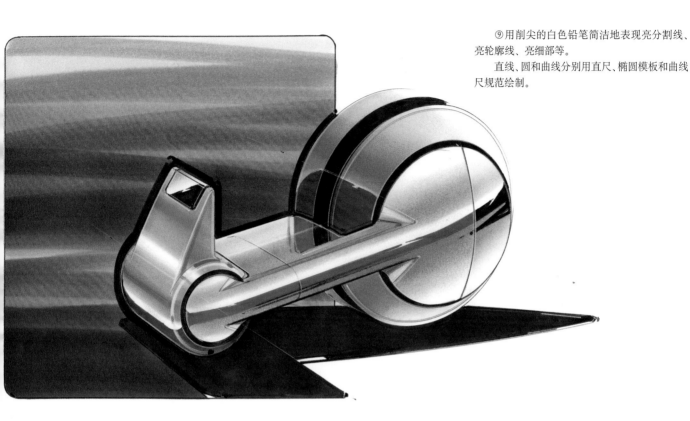

⑨用削尖的白色铅笔简洁地表现亮分割线、亮轮廓线、亮细部等。

直线、圆和曲线分别用直尺、椭圆模板和曲线尺规范绘制。

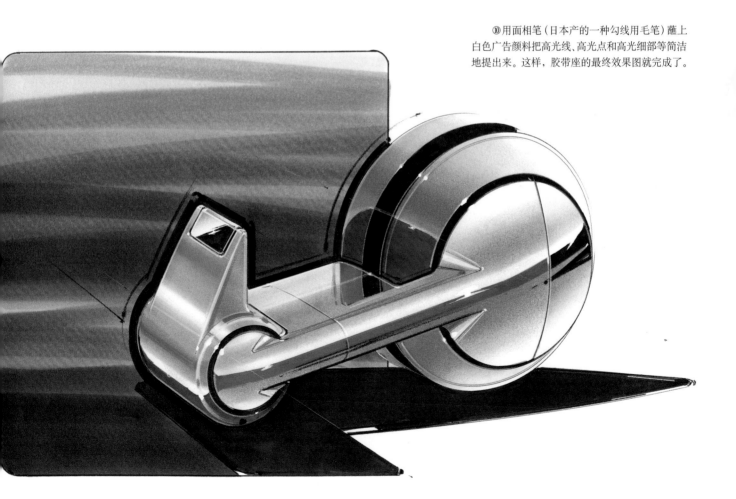

⑩用面相笔（日本产的一种勾线用毛笔）蘸上白色广告颜料把高光线、高光点和高光细部等简洁地提出来。这样，胶带座的最终效果图就完成了。

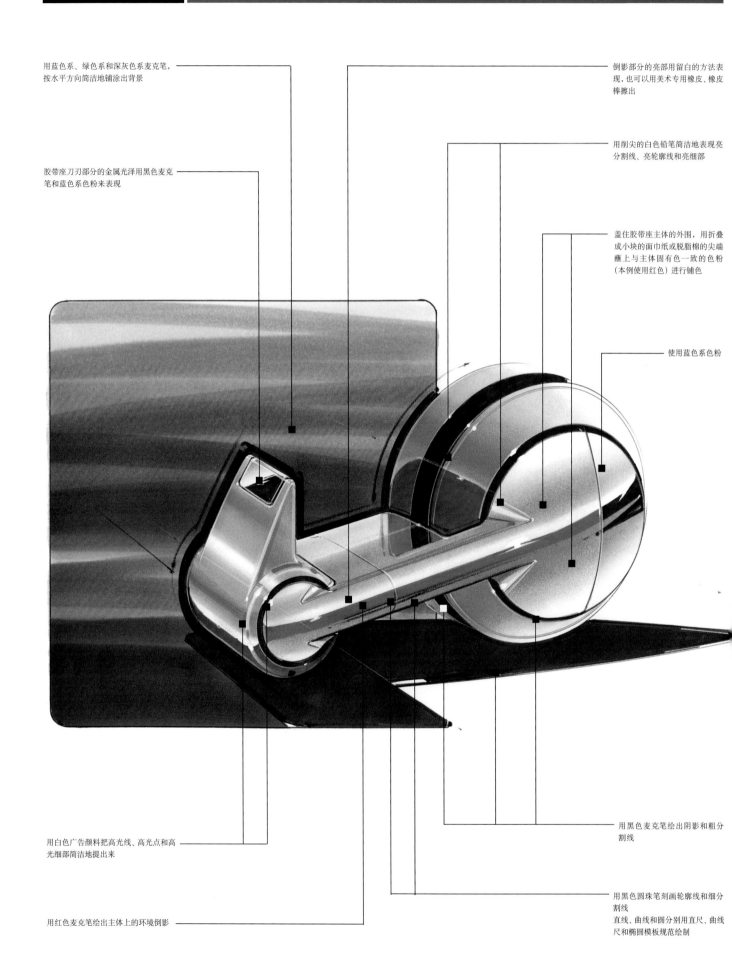

用蓝色系、绿色系和深灰色系麦克笔，按水平方向简洁地铺涂出背景

胶带座刀刃部分的金属光泽用黑色麦克笔和蓝色系色粉来表现

倒影部分的亮部用留白的方法表现，也可以用美术专用橡皮、橡皮棒擦出

用削尖的白色铅笔简洁地表现亮分割线、亮轮廓线和亮细部

盖住胶带座主体的外围，用折叠成小块的面巾纸或脱脂棉的尖端蘸上与主体固有色一致的色粉（本例使用红色）进行铺色

使用蓝色系色粉

用白色广告颜料把高光线、高光点和高光细部简洁地提出来

用红色麦克笔绘出主体上的环境倒影

用黑色麦克笔绘出阴影和粗分割线

用黑色圆珠笔刻画轮廓线和细分割线
直线、曲线和圆分别用直尺、曲线尺和椭圆模板规范绘制

■数码相机的设计效果图

　　这是为数码相机开发过程中的设计研讨阶段而绘制的数码相机效果图。

　　①绘制勾线图。

　　先从诸多的构思草图中选择透视角度最佳的方案，在白色复印纸或描图纸（硫酸纸）上用黑色圆珠笔、黑色铅笔和水性针管绘图笔等勾绘出数码相机的线条。

　　直线、圆和曲线分别用直尺、椭圆模板和曲线尺规范绘制。

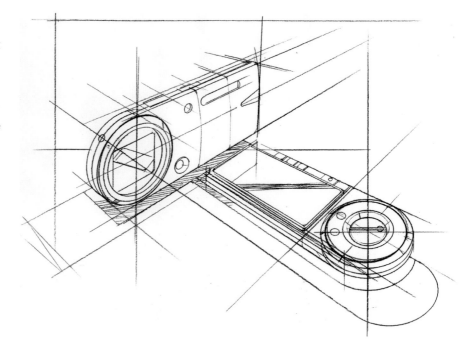

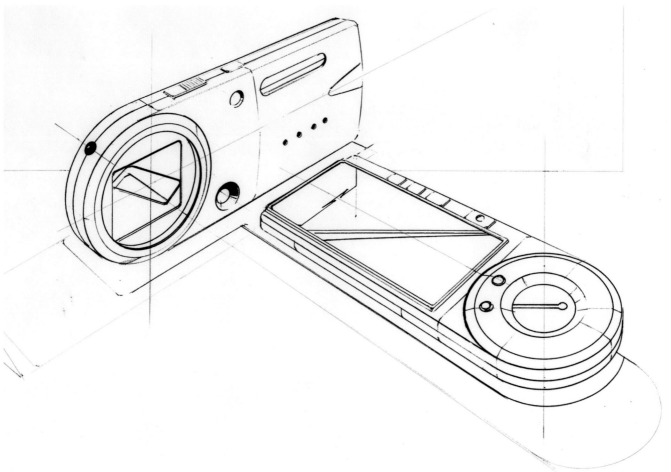

　　②在步骤①完成的勾线图上覆盖一张 A3 白色绘图纸，用黑色圆珠笔和水性针管绘图笔等绘出数码相机的轮廓线和细部。

　　直线、圆和曲线分别用直尺、椭圆模板和曲线尺规范绘制。

③用麦克笔进行处理。

数码相机主体的金属部分、镜头周围、液晶显示屏和细部选用COPIC灰色系麦克笔No.2～No.7绘制。

浅淡阴影选用COPIC绿灰色麦克笔G99绘制。

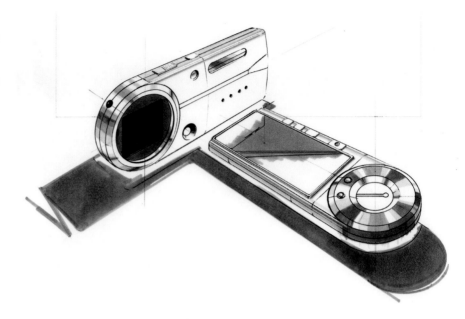

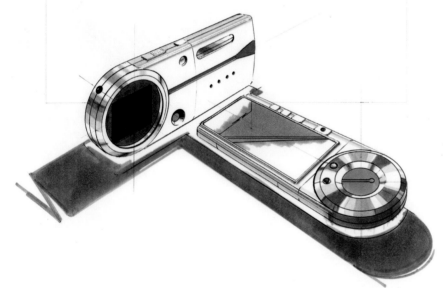

④用喜好颜色的麦克笔（本例选用COPIC红色系的R17和黄色系的YR04）对圆形触摸按钮、指示灯及其他部位简洁地加以表现。

⑤液晶显示屏内的倒影、最暗的部分以及分割线等，选用COPIC灰色麦克笔No.10（黑）绘制，从而更加突显画面的表现力。

直线、圆和曲线分别用直尺、椭圆模板和曲线尺规范绘制。

⑥用色粉进行处理。

在灰色系色粉中掺入少量蓝色系色粉并充分混合，并用折叠或小块的面巾纸或脱脂棉的尖端蘸上，对数码相机主体表面进行铺涂。

注：为了使画面更加光洁且更易于表现色彩渐变，可在色粉中掺入色粉总量30%左右的婴儿用爽身粉，充分混合后使用。

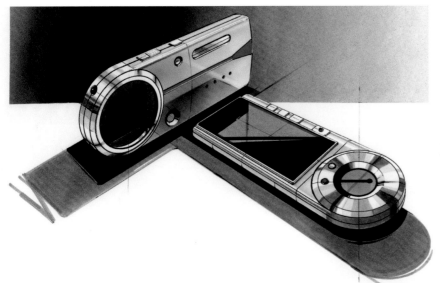

⑦绘制背景。

用遮盖胶带遮盖住数码相机和背景的外围，然后用折叠或小块的面巾纸或脱脂棉的尖端蘸上灰色系色粉，按水平方向铺涂成渐变效果。

⑧直线、圆和曲线分别用直尺、椭圆模板和曲线尺规范绘制。

用削尖的白色铅笔简洁地表现亮分割线、亮轮廓线和亮细部。

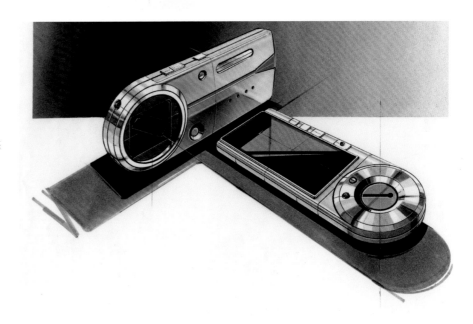

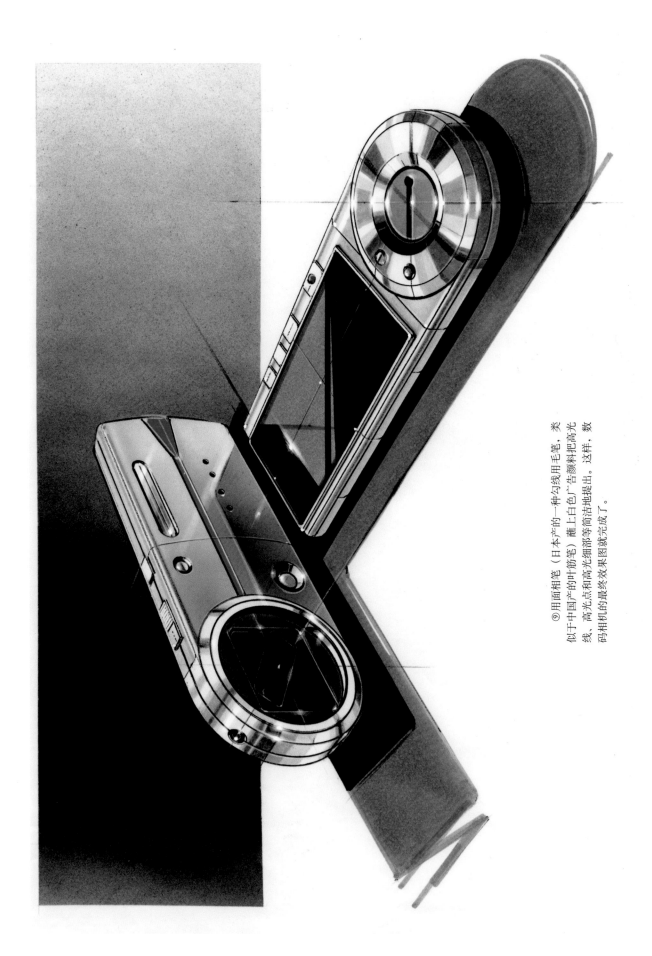

⑨用面相笔（日本产的一种勾线用毛笔，类似于中国产的叶筋笔）蘸上白色广告颜料把高光线、高光点和高光细部等简洁地提出。这样，数码相机的最终效果图就完成了。

用灰色系色粉和蓝色系色粉表现
主体的金属质感

用黑色圆珠笔和水性针管绘图笔
绘出轮廓线、分割线和细部

用灰色系色粉铺涂成背景

用面相笔蘸上白色广告颜料简洁
地提出高光部分

选用COPIC灰色麦克笔No.10
（黑）绘出液晶显示屏内的倒影、
最暗的部分

选用COPIC灰色系麦克笔No.2～
No.7绘出主体表面的金属质感

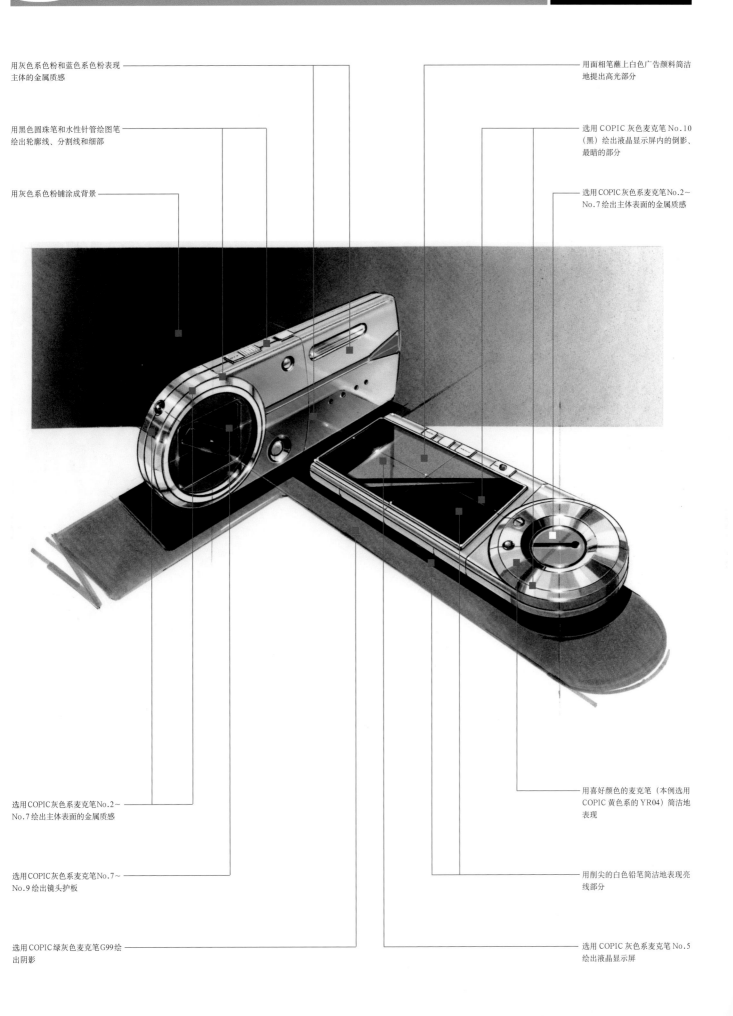

选用COPIC灰色系麦克笔No.2～
No.7绘出主体表面的金属质感

选用COPIC灰色系麦克笔No.7～
No.9绘出镜头护板

选用COPIC绿灰色麦克笔G99绘
出阴影

用喜好颜色的麦克笔（本例选用
COPIC黄色系的YR04）简洁地
表现

用削尖的白色铅笔简洁地表现亮
线部分

选用COPIC灰色系麦克笔No.5
绘出液晶显示屏

■投影仪的设计效果图

这是在产品设计过程中造型比较研讨阶段所绘制的效果图。

以圆筒和平板形态为基础展开造型设计并绘制最终效果图。

①绘制勾线图。

从构思草图中选择一张为基础，在白色复印纸上以最佳透视角度用黑色圆珠笔、黑色铅笔和水性针管绘图笔等绘制投影仪的勾线图。

直线、曲线和圆分别用直尺、曲线尺和椭圆模板规范绘制。

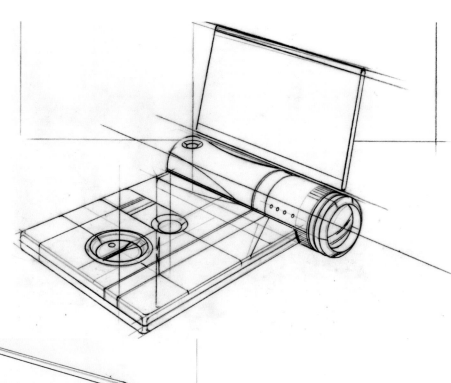

②在步骤①完成的勾线图上覆盖一张A3白色绘图纸，用黑色圆珠笔和水性针管绘图笔等绘出投影仪的轮廓线和细部。

直线、曲线和圆分别用直尺、曲线尺和椭圆模板规范绘制。

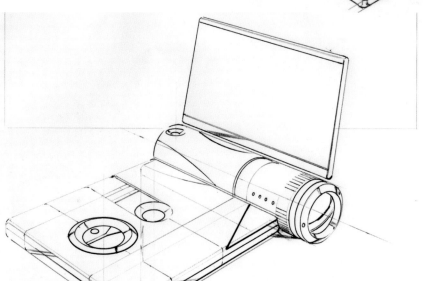

③用色粉进行处理。

选用COPIC灰色系麦克笔No.1~No.7绘制圆筒、镜头周围和圆形按钮等的阴影和倒影。

直线、曲线和圆分别用直尺、曲线尺和椭圆模板规范绘制。

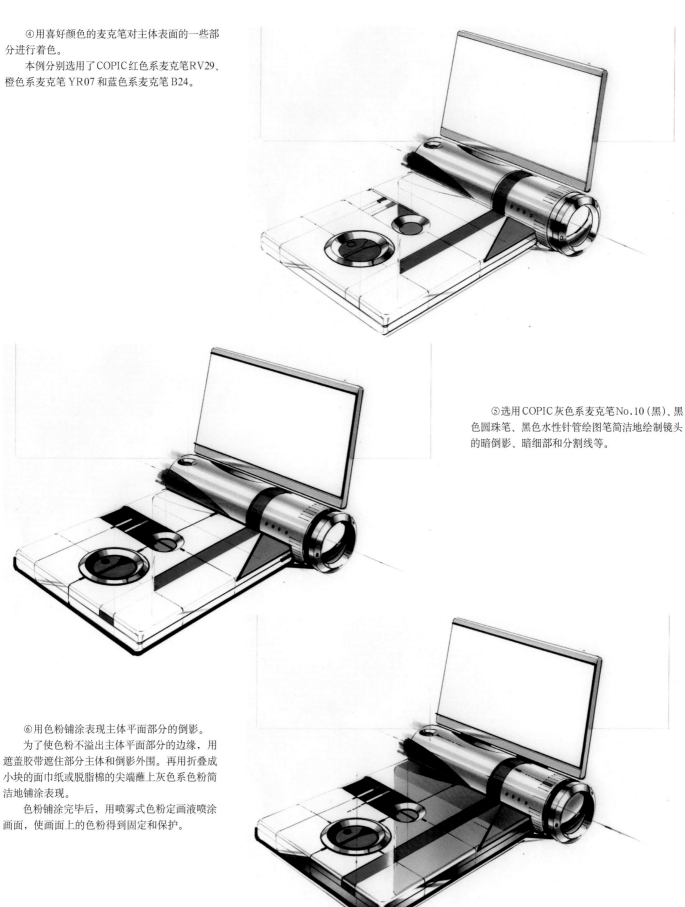

④用喜好颜色的麦克笔对主体表面的一些部分进行着色。

本例分别选用了COPIC红色系麦克笔RV29、橙色系麦克笔YR07和蓝色系麦克笔B24。

⑤选用COPIC灰色系麦克笔No.10（黑）、黑色圆珠笔、黑色水性针管绘图笔简洁地绘制镜头的暗倒影、暗细部和分割线等。

⑥用色粉铺涂表现主体平面部分的倒影。

为了使色粉不溢出主体平面部分的边缘，用遮盖胶带遮住部分主体和倒影外围。再用折叠成小块的面巾纸或脱脂棉的尖端蘸上灰色系色粉简洁地铺涂表现。

色粉铺涂完毕后，用喷雾式色粉定画液喷涂画面，使画面上的色粉得到固定和保护。

⑦用削尖的白色铅笔简洁地绘出亮分割线、轮廓线和细部等。

直线、曲线和圆分别用直尺、曲线尺和椭圆模板规范绘制。

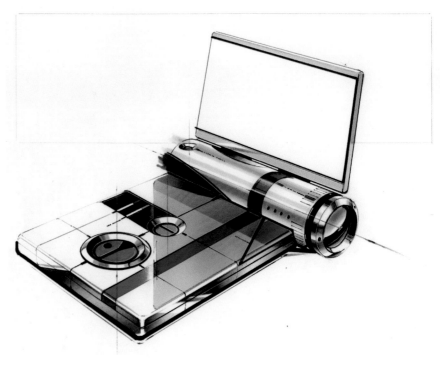

⑧剪下喜好的照片或产品介绍等内容，粘贴在液晶显示屏上。

⑨液晶显示屏上粘贴有照片的效果图。

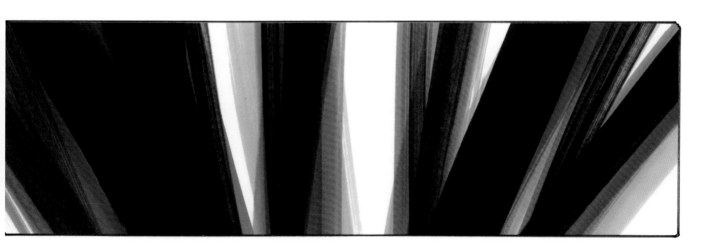

⑩在另外一张白色绘图纸上绘制背景。
用遮盖胶带遮住背景以外的范围，用喜好颜
色的麦克笔按斜上下方向反复铺色表现。

⑩ 把画好的投影仪效果图剪下来，贴在步骤
⑨ 所完成的背景上。

最后，用白色广告颜料简洁地绘出强光线和
强光点。至此，投影仪的最终效果图也就完成了。

用绘图纸的留白表现明亮的部分

用灰色系色粉铺涂表现

用削尖的白色铅笔绘出亮分割线
和轮廓线等

用喜好颜色的麦克笔按斜上下方
向反复铺色表现背景

剪下喜好内容的照片或产品介绍
等粘贴在液晶显示屏上

选用 COPIC 灰色麦克笔 No.1～
No.7绘出阴影和倒影

用圆珠笔或水性针管绘图笔等抽
象地表现文字部分

用白色广告原料提出高光点

用绘图纸的留白表现明亮的主体
表面

用黑色圆珠笔、黑细麦克笔或黑
细水性针管绘图笔绘出分割线、
轮廓线

用蓝色系色粉铺涂表现镜头表面
的倒影

选用 COPIC 灰色系麦克笔 No.10
(黑)绘制镜头的倒影和边缘暗部

用喜好颜色的麦克笔（本例选用
COPIC红色系、蓝色系和橙色系)
着色

●参考最终效果图（a）

对步骤⑩完成的最终效果图改变显示屏上的照片内容。

即使是完全相同的产品外观造型设计，改变某些部分也会带来很大不同的印象。

注：本例是用色粉铺涂液晶显示屏来简洁地加以表现。

●参考最终效果图⑩完成的最终效果图改变显示屏
上的照片内容和背景。

注：本例的背景是用彩色墨水的自然流淌
而形成的水墨图案。

■专用电吹风的设计效果图

这是在圆筒形的基础上进行造型展开而绘制的专用电吹风的设计效果图。

①绘制勾线图。

在诸多构思草图中选择一张透视角度最佳的造型并以此为基础，在任意白纸上用黑色铅笔绘制勾线图。

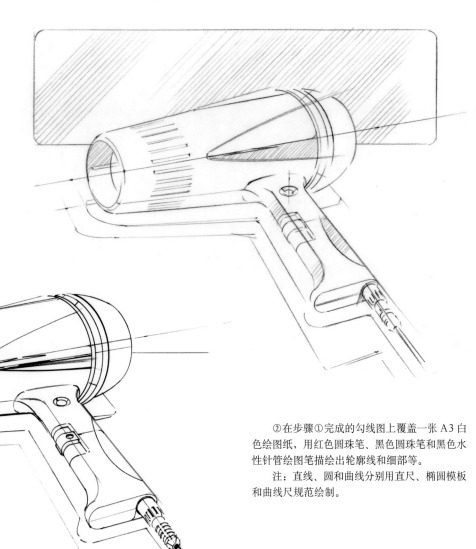

②在步骤①完成的勾线图上覆盖一张 A3 白色绘图纸，用红色圆珠笔、黑色圆珠笔和黑色水性针管绘图笔描绘出轮廓线和细部等。

注：直线、圆和曲线分别用直尺、椭圆模板和曲线尺规范绘制。

③用麦克笔进行处理。

用喜好颜色的麦克笔（本例选用 COPIC 红色系 R08）对主体表面和把手部分简洁地铺色。

之后用绘图纸的留白表现高光部分以及准备用色粉进行处理。

④选用 COPIC 灰色系麦克笔 No.3、No.5 和 No.7，对镀铬部分的环境倒影、阴影和细部简洁地绘制。

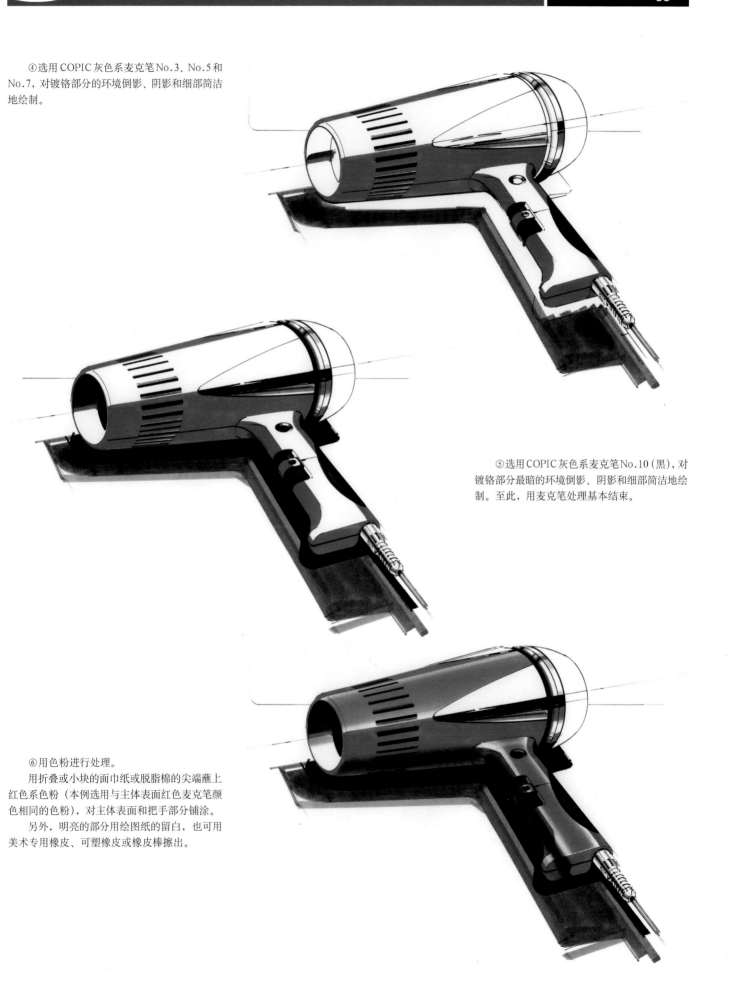

⑤选用 COPIC 灰色系麦克笔 No.10（黑），对镀铬部分最暗的环境倒影、阴影和细部简洁地绘制。至此，用麦克笔处理基本结束。

⑥用色粉进行处理。

用折叠或小块的面巾纸或脱脂棉的尖端蘸上红色系色粉（本例选用与主体表面红色麦克笔颜色相同的色粉），对主体表面和把手部分铺涂。

另外，明亮的部分用绘图纸的留白，也可用美术专用橡皮、可塑橡皮或橡皮棒擦出。

⑦用折叠或小块的面巾纸或脱脂棉的尖端蘸上蓝色系色粉铺涂镀铬部分的天空倒影。

　　注：天空倒影是假设电吹风放置在户外绘制的情景。

⑧为了增强效果图的表现力而绘制背景。

　　用遮盖胶带把所绘背景的外围和电吹风的部分主体遮盖住，选用喜好颜色的麦克笔和色粉大致按斜上下方向简洁地铺色。

⑨用黑细麦克笔和水性针管绘图笔绘制笔绘制小圆凹孔和文字部分，然后用削尖的白色铅笔简洁地提出亮分割线、轮廓线和细部等。最后，用白色广告颜料提出高光部分。至此，专用电吹风的最终效果图就完成了。

选用COPIC红色系麦克笔R08铺色表现主体表面和把手

选用喜好颜色的麦克笔和色粉铺涂表现背景

选用COPIC灰色系麦克笔No.10（黑）铺色

用蓝色系色粉铺涂表现天空倒影

选用与主体表面红色麦克笔颜色相同的色粉铺涂

选用COPIC灰色系麦克笔No.10（黑）绘出地平线的倒影和沟槽部分

选用COPIC灰色系麦克笔No.3、No.5和No.7表现镀铬部分的金属感

用黑色粉铺涂表现主体的阴影

明亮的部分用绘图纸的留白，或用美术专用橡皮、可塑橡皮或橡皮棒擦出

用黑色圆珠笔、黑细麦克笔和黑细水性针管绘图笔绘制轮廓线、分割线和沟槽线条

用削尖的白色铅笔绘出亮线部分

用白色广告颜料提出高光部分

选用COPIC灰色系麦克笔No.5和No.10绘制阴影

■运动鞋的设计效果图（在色纸上绘制）

由于设计效果图所绘制的对象与色纸颜色相同，所以比普通的白色绘图纸更省时省力，从而能大大缩短绘图时间。

本例选用容易表现运动鞋质感的 CANSON色纸。

①绘制勾线图。

选择一张构思草图为基础，在任意一张白色A3复印纸上用黑色铅笔、黑色圆珠笔等绘制运动鞋的正面勾线图。

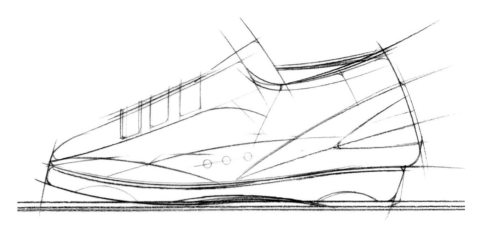

②在画好勾线图的白色复印纸背面铺设黑色粉，然后将它覆盖在CANSON色纸上（A3尺寸）。用黑色铅笔、黑色圆珠笔把运动鞋的轮廓线和细部复写在色纸上。

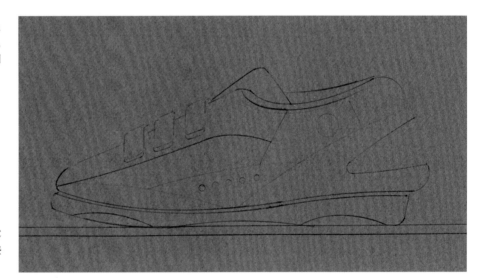

③选用喜好颜色的麦克笔（本例选用COPIC蓝色系B06、绿色系G07）对运动鞋表面的某些部分进行着色。

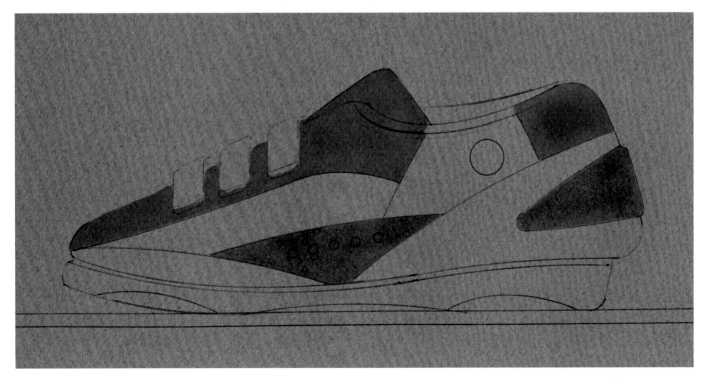

④选用红色系麦克笔（本例选用COPIC红色系RV29）对运动鞋表面的某些部分进行着色。

注：为避免麦克笔的墨水洇出边界，用直尺规范绘制。

⑤选用COPIC灰色系麦克笔No.2～No.7简洁地表现运动鞋的阴影。

⑥用黑细麦克笔和彩色铅笔强调分割线和细部之后，选用COPIC灰色系麦克笔No.10（黑）表现运动鞋的粗轮廓线，从而增强效果图的立体感。

⑦选用 COPIC 灰色系麦克笔No.10（黑）加粗接地线，从而增强效果图的稳定感。
注：接地线用直尺规范绘制。

⑧用折叠或小块的面巾纸或脱脂棉的尖端蘸上黑色粉，铺涂成主体的暗表面。

⑨用折叠或小块的面巾纸或脱脂棉的尖端蘸上黑色粉，铺涂成细部的阴影部分。

⑩用折叠或小块的面巾纸或脱脂棉的尖端蘸上白色粉，简洁地表现运动鞋的亮表面。

⑪用削尖的白色铅笔绘出亮分割线和亮轮廓线。

⑫用黑色圆珠笔和削尖的白色铅笔绘出鞋面接缝处的针脚，从而增强运动鞋的表现特征。

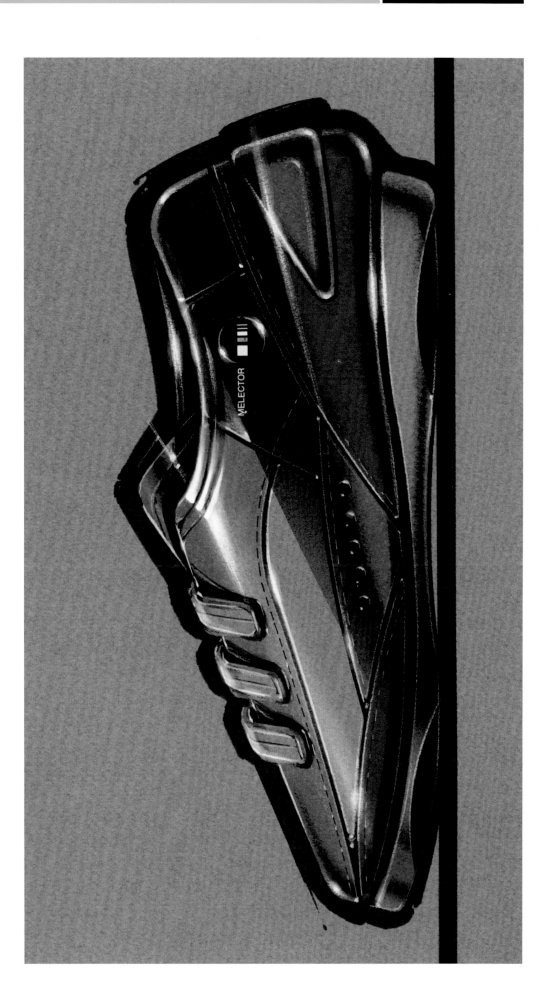

⑥用面相笔（日本产的一种勾线用毛笔，类似于中国产的叶筋笔）蘸上白色广告颜料，把高光线、高光点和高光细部细部简洁地提出来。至此，运动鞋的高光最终效果图绘制完成。

选用COPIC灰色系麦克笔No.10
(黑)表现粗轮廓线，增强效果图
的立体感

这里的鞋面部分用色纸的颜色直
接表现

选用喜好颜色的色纸，本例选用
了CANSON茶色系色纸

用黑色圆珠笔和削尖的白色铅笔
绘出鞋面接缝处的针脚，从而增
强运动鞋的表现特征

用白色粉表现明亮的部分

用面相笔把高光部分提出来

用折叠或小块的面巾纸或脱脂棉
的尖端蘸上白色粉，表现运动鞋
的亮表面

用黑细麦克笔、黑色圆珠笔和
黑色铅笔表现分割线、轮廓线
和细部

用折叠或小块的面巾纸或脱脂棉
的尖端蘸上黑色粉，表现运动鞋
的暗表面

用喜好颜色的麦克笔（本例选用
COPIC绿色系G07和红色系
RV29）表现鞋面

如有必要，可以用转印字(亦称刮
字纸)来表现文字

用喜好颜色的麦克笔（本例选用
COPIC蓝色系B06）表现鞋面

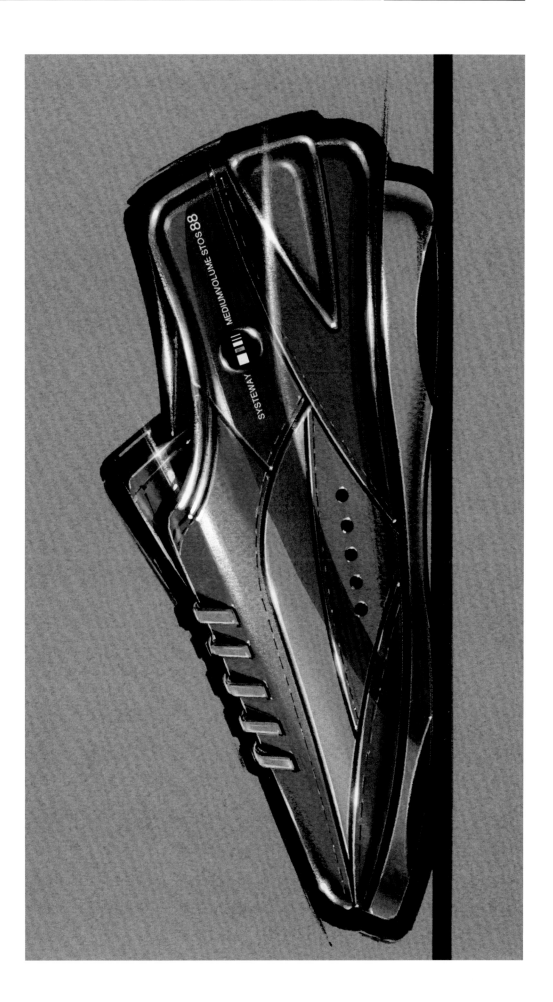

●运动鞋的参考最终效果图

对步骤Ⓑ完成的最终效果图改变鞋面部分颜色，鞋带和某些细部。

即使是完全相同的产品外观造型设计，改变某些部分也会带来很不同的印象。

■吸尘器的设计效果图（A）

这是为吸尘器的造型展开练习而绘制的设计效果图。

从诸多的构思草图中选择造型比较好的一幅，并以此为基础按适当比例扩大或缩小。

由于绘制的目的是为造型展开练习，所以不太考虑结构、功能以及是否流行等因素。

①绘制勾线图。

在A3描图纸（亦称硫酸纸）或复印纸上，以选好的一张构思草图为基础，用黑色铅笔绘制吸尘器的勾线图。

直线、曲线和圆分别用直尺、曲线尺和椭圆模板规范绘制。

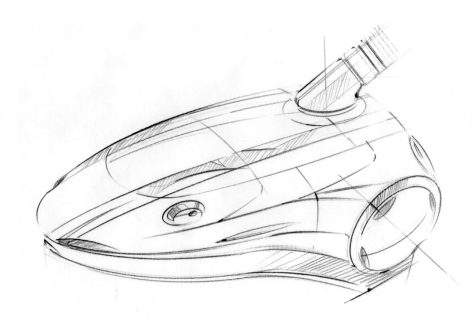

②在步骤①完成的勾线图上覆盖一张A3白色绘图纸，用浅紫色铅笔描绘出吸尘器的轮廓线、倒影、分割线和细部等。

直线、曲线和圆分别用直尺、曲线尺和椭圆模板规范绘制。

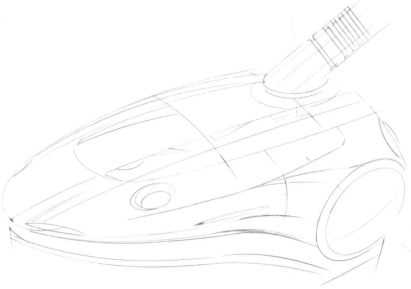

③用麦克笔进行处理。

用灰色系麦克笔（本例选用COPIC灰色系No.2~No.5）绘制软管和主体下方的阴影部分。

之后，用黑细水性针管绘图笔简洁地表现分割线和主体表面的倒影等部分。

直线、曲线和圆分别用直尺、曲线尺和椭圆模板规范绘制。

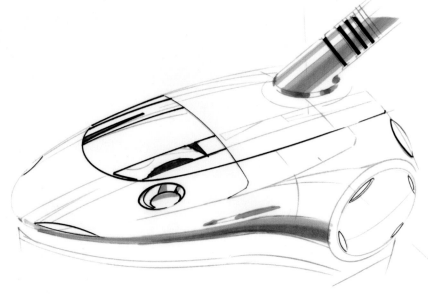

④用黑色麦克笔（本例选用 COPIC 灰色系 No.10）绘制主体表面上的倒影、车轮周围，以及最暗的阴影。

直线、曲线和圆分别用直尺、曲线尺和椭圆模板规范绘制。

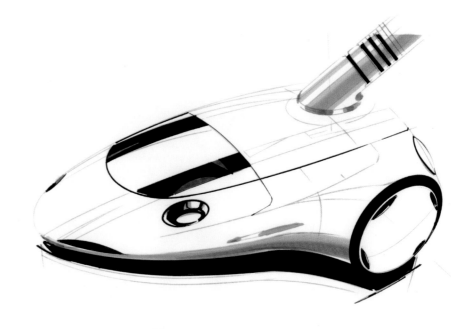

⑤用喜好颜色的麦克笔表现主体表面上的倒影（本例分别选用 COPIC 蓝色系 B06 和红色系 RV29）。

直线、曲线和圆分别用直尺、曲线尺和椭圆模板规范绘制。

⑥用色粉进行处理。

为了不使色粉溢出主体边沿，将吸尘器主体外围用遮盖胶带盖住。然后再用折叠成小块的面巾纸或脱脂棉的尖端蘸上蓝色粉，铺涂成主体表面上和滚轮上的倒影。

另外，高光面可用绘图纸的留白，也可用美术专用橡皮、可塑橡皮或橡皮棒擦出。

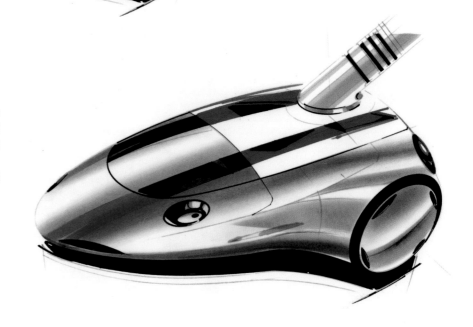

⑦用折叠成小块的面巾纸或脱脂棉的尖端蘸上红色粉，铺涂成主体右上方的倒影部分。

再用少量黑色粉简洁地铺涂成主体表面中央半透明部分的倒影。

进而用削尖的黑色铅笔和黑色圆珠笔等强调分割线，使画面更加形像逼真。

⑧用折叠成小块的面巾纸或脱脂棉的尖端蘸上紫色粉，简洁地表现主体的阴影。

用色粉处理完毕后，用喷雾式色粉定画液喷涂画面，使画面上的色粉得到固定和保护。

⑨直线、曲线和圆分别用直尺、曲线尺和椭圆模板，以及削尖的白色铅笔，规范绘制亮分割线、轮廓线和细部等。

⑩为了增强最终效果图的表现力而绘制背景。

背景的绘制方法没有固定的模式，只要用自己喜好的画材、喜好的方法来加以表现就可以。本例是用遮盖胶带把所绘制背景的外围和吸尘器的部分主体遮盖住，再用折叠成小块的面巾纸或脱脂棉的尖端蘸上紫色粉，按斜上下方向简洁地铺涂。

用黑色圆珠笔、黑色铅笔和黑
色水性针管绘图笔绘制分割线
和轮廓线

选用 COPIC 灰色系麦克笔
No.10（黑）表现半透明部分
的强烈倒影

选用 COPIC 蓝色系麦克笔
B06 表现倒影

用紫色粉铺涂成背景

高光面可用绘图纸的留白，也
可用美术专用橡皮、可塑橡皮
或橡皮棒擦出

选用 COPIC 红色系麦克笔
RV29 表现主体表面的倒影

用红色粉表现光洁的主体表面

选用 COPIC 灰色系麦克笔
No.2～No.5表现软管的阴影

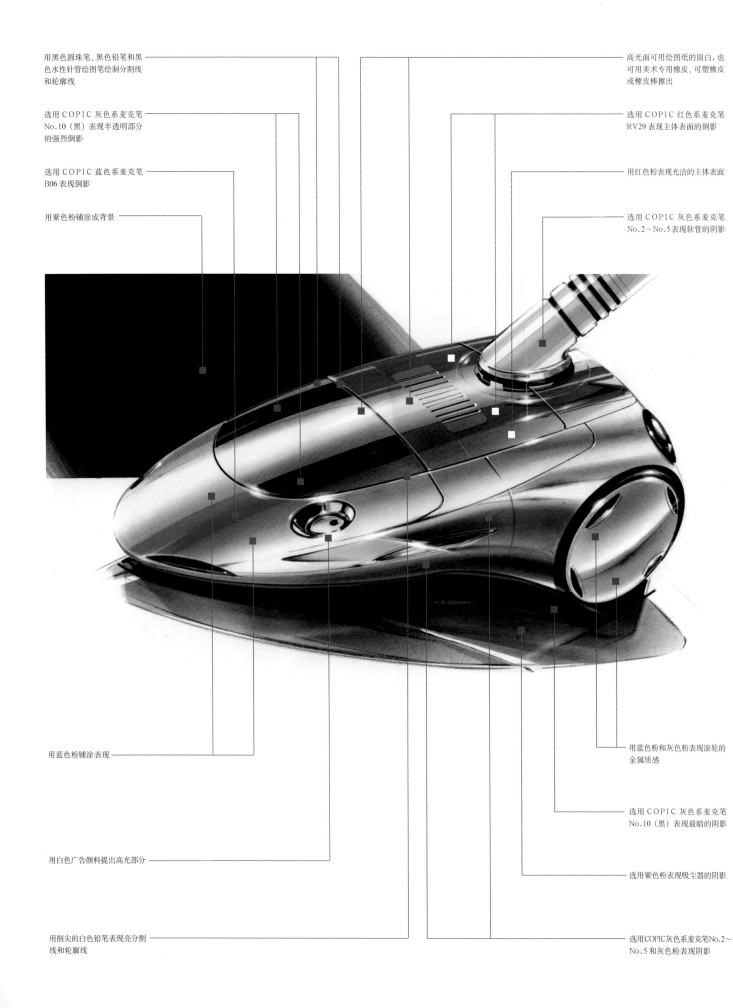

用蓝色粉铺涂表现

用白色广告颜料提出高光部分

用削尖的白色铅笔表现亮分割
线和轮廓线

用蓝色粉和灰色粉表现滚轮的
金属质感

选用 COPIC 灰色系麦克笔
No.10（黑）表现最暗的阴影

选用紫色粉表现吸尘器的阴影

选用COPIC灰色系麦克笔No.2～
No.5和灰色粉表现阴影

■吸尘器的设计效果图（B）

用工程制图的主视图来展开吸尘器的造型设计，并绘制最终效果图。

●用主视图展开吸尘器的造型设计。

在白色绘图纸上，用圆珠笔、水性针管绘图笔、彩色铅笔、麦克笔，按1∶2的比例缩小绘制。

用红色系麦克笔

用灰色系和黑色麦克笔

用粗笔尖的水性针管绘图笔

用绿色系麦克笔

用圆珠笔

用彩色铅笔

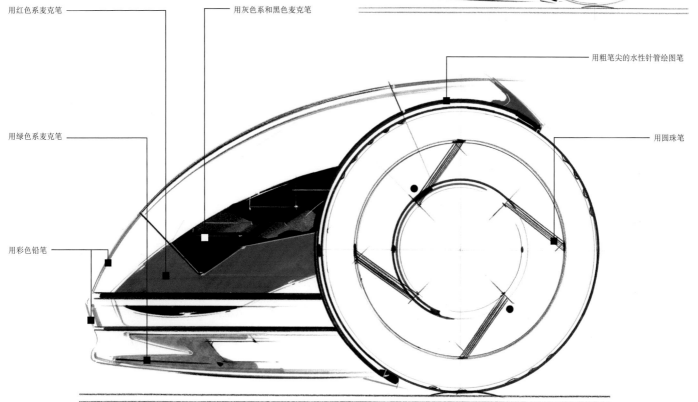

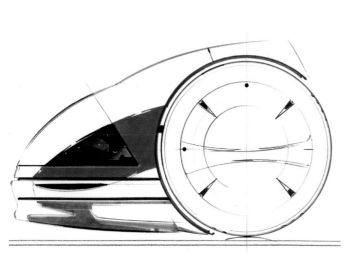

选择这款造型来绘制最终效果图

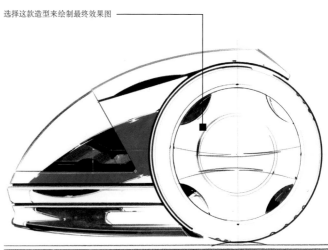

●绘制最终效果图。

①结构配置图的绘制。

这幅结构配置图是由机械工程师绘制的，它简洁地表达了与造型设计相吻合的内部结构配置。

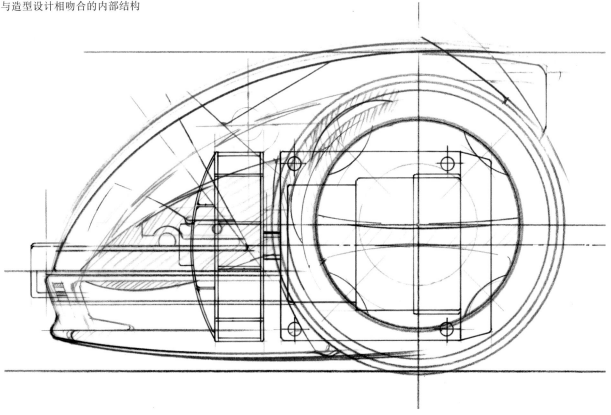

②绘制最终效果图的勾线图。

在步骤①对内部结构配置研讨结果的基础上绘出最终效果图的勾线图。

在 A3 白色绘图纸上，用彩色铅笔、圆珠笔、麦克笔按 1：2 的比例缩小绘制。

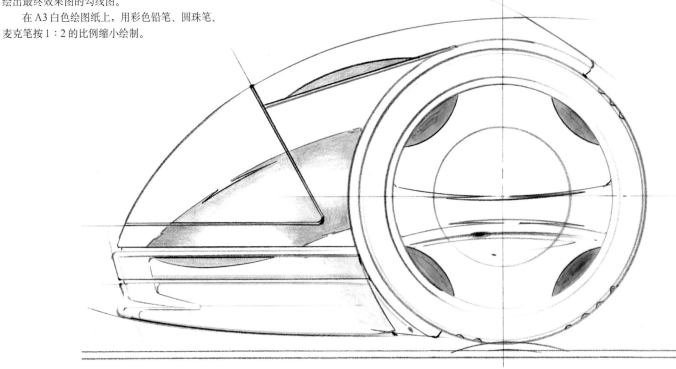

③在步骤②完成的勾线图上覆盖一张 A3 白色绘图纸，用细圆珠笔精确描绘。主体表面红颜色部分的轮廓线和倒影线条用红色圆珠笔绘制。

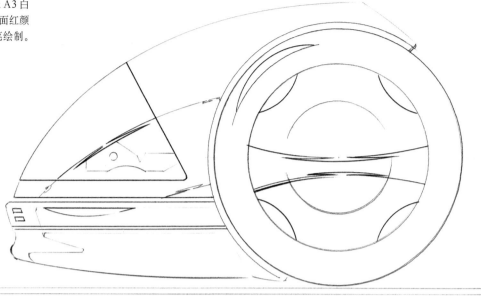

④主体表面黑色部分的环境倒影用灰色系水性或油性麦克笔绘制。

⑤用红色系麦克笔表现主体表面红颜色部分的环境倒影。
直线和曲线分别用直尺和曲线尺规范绘制。

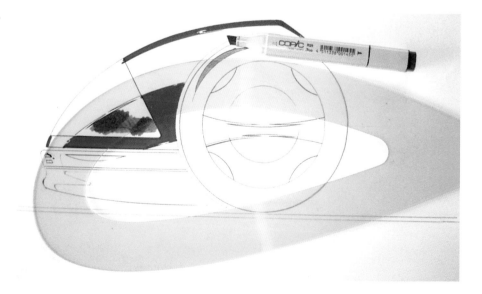

⑥在主体的红色部分表现环境倒影。

如果主体设计成蓝色的话，就选用蓝色系麦克笔；如果主体设计成绿色的话，就选用绿色系麦克笔来表现。

⑦用黑色麦克笔表现主体前面的环境倒影和细部，使画面上的吸尘器具有精密感。

直线和曲线分别用直尺和曲线尺规范绘制。

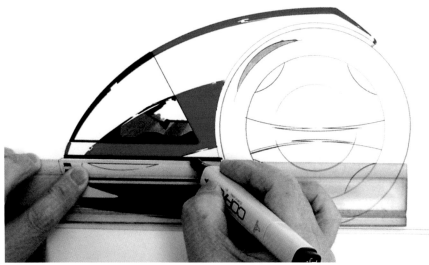

⑧主体下部的滚轮用黑色麦克笔绘制。这样，用麦克笔处理的部分就基本完成。

⑨用色粉进行处理。

为了不使色粉溢出，把不需要铺涂的部分用遮盖胶带盖住。

⑩在描图纸（亦称硫酸纸）上，用刀子将色粉棒刮成粉末。

为了使色粉能够光洁地铺涂在绘图纸上，在色粉中掺入色粉的30％左右的婴儿用爽身粉，充分混合搅拌。

⑪将面巾纸或脱脂棉折叠成小块，并用尖端蘸上已经混合搅拌好的红色粉，对主体进行铺涂。

环境倒影的亮部留白，或者用橡皮棒擦出。

⑫ 主体的下部用绿色系和蓝色系色粉棒刮成的色粉末铺涂。

⑬ 用步骤⑫ 刮成的色粉末铺涂主体下部。

⑭ 用色粉铺涂表现滚轮的金属部分。

上部铺涂成天空倒影效果，下部铺涂成地面倒影效果。

⑮用黑色粉铺涂主体前部。这样，色粉处理就基本结束。

然后用喷雾式色粉定画液喷涂画面，使画面上的色粉得到固定和保护。

⑯ 将削尖的白色铅笔和圆规配合使用，规范描绘滚轮上的高光线条。

⑰用白色铅笔添绘滚轮的高光线条和高光点之后的效果。

⑱ 进而用削尖的白色铅笔表现亮分割线、细部和轮廓线等。

直线、圆和曲线分别用直尺、圆规和曲线尺等规范绘制。

⑲ 用白色转印字（亦称刮字纸）来表现图中的文字。

⑳ 用面相笔（日本产的一种勾线用毛笔）蘸上白色广告颜料把高光线、高光点和高光细部等简洁地提出来。

㉑ 绘制完毕的吸尘器的正面最终效果图。

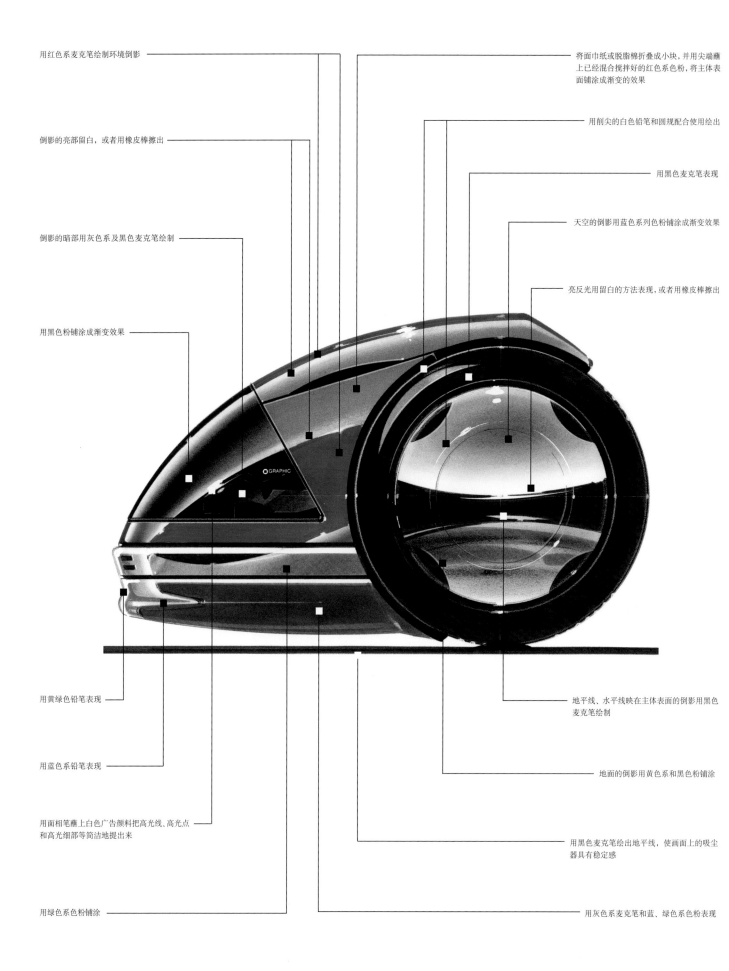

用红色系麦克笔绘制环境倒影

倒影的亮部留白，或者用橡皮棒擦出

倒影的暗部用灰色系及黑色麦克笔绘制

用黑色粉铺涂成渐变效果

用黄绿色铅笔表现

用蓝色系铅笔表现

用面相笔蘸上白色广告颜料把高光线、高光点
和高光细部等简洁地提出来

用绿色系色粉铺涂

将面巾纸或脱脂棉折叠成小块，并用尖端蘸
上已经混合搅拌好的红色系色粉，将主体表
面铺涂成渐变的效果

用削尖的白色铅笔和圆规配合使用绘出

用黑色麦克笔表现

天空的倒影用蓝色系列色粉铺涂成渐变效果

亮反光用留白的方法表现，或者用橡皮棒擦出

地平线、水平线映在主体表面的倒影用黑色
麦克笔绘制

地面的倒影用黄色系和黑色色粉铺涂

用黑色麦克笔绘出地平线，使画面上的吸尘
器具有稳定感

用灰色系麦克笔和蓝、绿色系色粉表现

GRAPHIC

■办公用打印机的设计效果图

这是对办公用打印机在设计过程中的研讨阶段而绘制的设计效果图。

①首先绘制最终效果图的勾线图。

以选中的一张构思草图为基础,确定好打印机展示的最佳透视角度,在白色 A 3 复印纸上用黑色铅笔、黑色圆珠笔和黑细麦克笔等绘出勾线图。

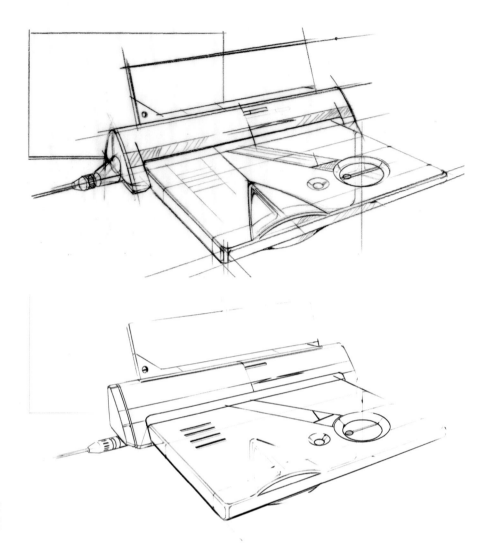

②在步骤①完成的勾线图上覆盖一张 A 3 白色绘图纸,用直尺、曲线尺和椭圆模板、黑色、红色圆珠笔规范绘制轮廓线、细部等。

③用麦克笔进行处理。

用灰色系麦克笔(本例选用 COPIC 灰色系麦克笔 No.3~No.8)绘制细部的阴影和主体(横长三角柱)的横长倒影。

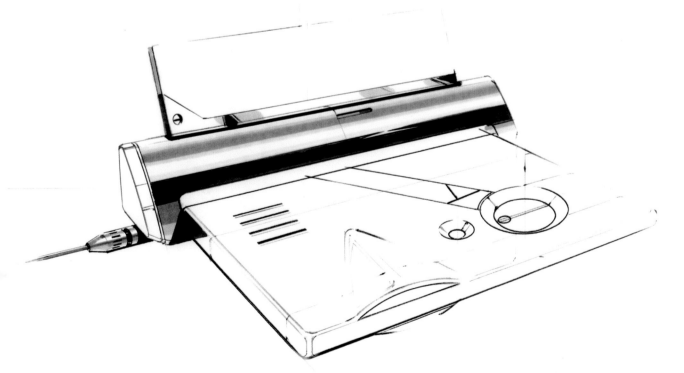

④圆形开关按钮和侧面的彩色部分用黄色和红色麦克笔（本例选用ＣＯＰＩＣ黄色系麦克笔ＹＲ04和红色系麦克笔Ｒ29）分别着色表现。

⑤用黑色麦克笔（本例选用ＣＯＰＩＣ灰色系麦克笔Ｎｏ.10）强调主体（横长三角柱）下方和主体表面最暗部。

⑥接着，用折叠成小块的面巾纸或脱脂棉的尖端蘸上灰色粉，简洁地铺涂表现背景和透明的打印纸辅助板。

⑦用直尺、曲线尺和椭圆模板、削尖的黑色铅笔和圆珠笔等绘出分割线、轮廓线、细部和文字。

⑧用直尺、曲线尺和椭圆模板、削尖的白色铅笔简洁地表现亮分割线、亮轮廓线等。

⑨用面相笔（日本产的一种勾线用毛笔，类似于中国产的叶筋笔）蘸上白色广告颜料把高光线、高光点和高光棱线等简洁地提出来。

注：画高光直线时，将中指夹在面相笔和笔杆中间，使二者不能随意晃动，然后用笔杆紧靠直尺沟槽轻快地描绘。

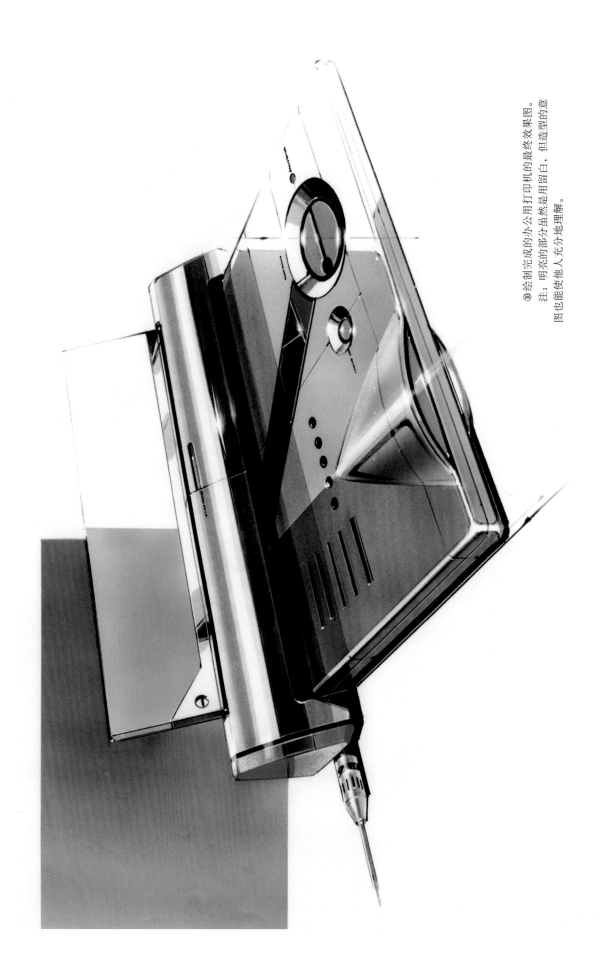

⑩绘制完成的办公用打印机的最终效果图。
注：明亮的部分虽然是留用留白，但造型的意图也能使他人充分地理解。

明亮的部分用留白表现 ————

用折叠成小块的面巾纸或脱脂棉的尖端蘸上灰色粉铺涂成背景 ————

用浅灰色粉铺涂表现透明的打印纸辅助板 ————

用白色广告颜料和修正液（白色）极其简洁地表现高光倒影 ————

选用 COPIC 灰色系麦克笔 No.3～No.5 绘制横长直线的倒影 ————

选用 COPIC 灰色系麦克笔 No.5～No.8 绘制横长直线的倒影 ————

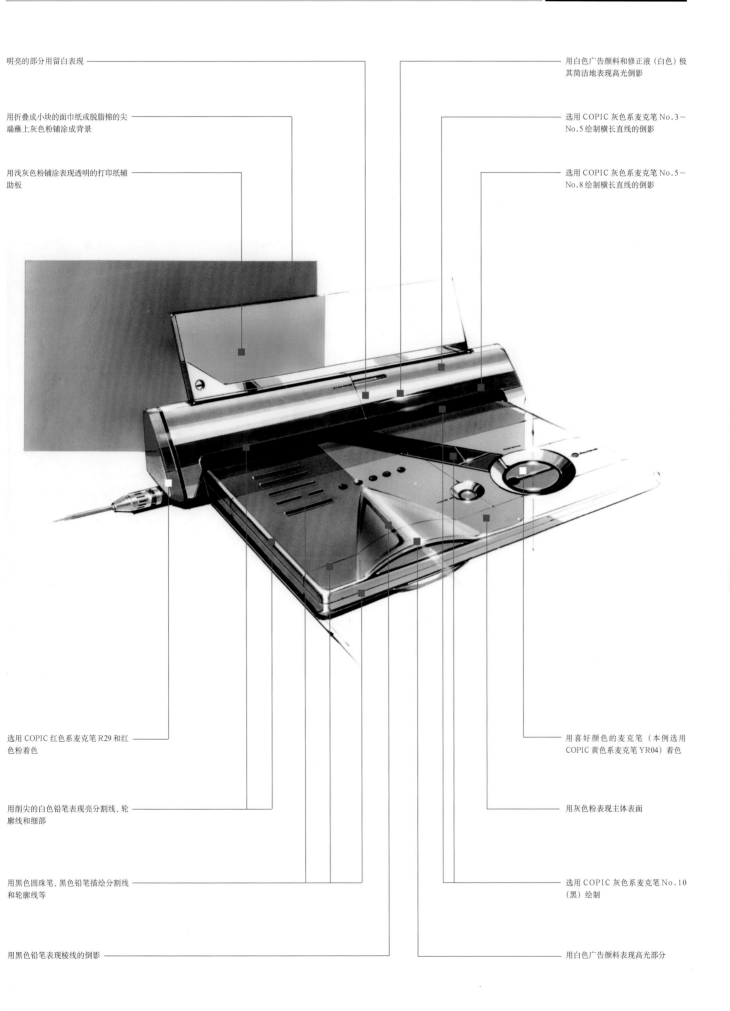

选用 COPIC 红色系麦克笔 R29 和红色粉着色 ————

用喜好颜色的麦克笔（本例选用 COPIC 黄色系麦克笔 YR04）着色 ————

用削尖的白色铅笔表现亮分割线、轮廓线和细部 ————

用灰色粉表现主体表面 ————

用黑色圆珠笔、黑色铅笔描绘分割线和轮廓线等 ————

选用 COPIC 灰色系麦克笔 No.10（黑）绘制 ————

用黑色铅笔表现棱线的倒影 ————

用白色广告颜料表现高光部分 ————

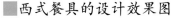

■西式餐具的设计效果图

这是为练习西式餐具的造型表现和不锈钢的质感而绘制的设计效果图。

由于刀、勺的形态比较简洁，所以绘制起来相对容易，这对于练习表现不锈钢的质感来说是比较好的题材。

本例用冰冷的灰色系麦克笔颜色来表现不锈钢的质感。

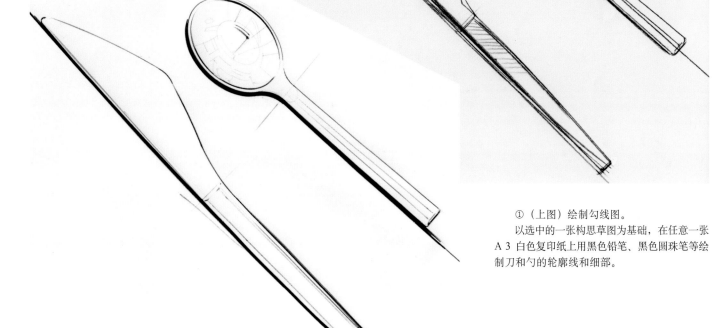

① （上图）绘制勾线图。

以选中的一张构思草图为基础，在任意一张A3白色复印纸上用黑色铅笔、黑色圆珠笔等绘制刀和勺的轮廓线和细部。

② （中图）在步骤①完成的勾线图上覆盖一张A3白色绘图纸，然后用黑色圆珠笔、黑色水性针管绘图笔绘出轮廓线和细部等。

注：直线、圆和曲线分别用直尺、椭圆模板和曲线尺规范绘制。

③ （下图）用灰色系麦克笔（本例选用COPIC灰色系麦克笔No.1和No.2）简洁地绘出刀、勺淡薄的倒影。

另外，亮部用绘图纸的留白加以表现。

注：倒影的表现可以参考西式餐具的图录和照片。

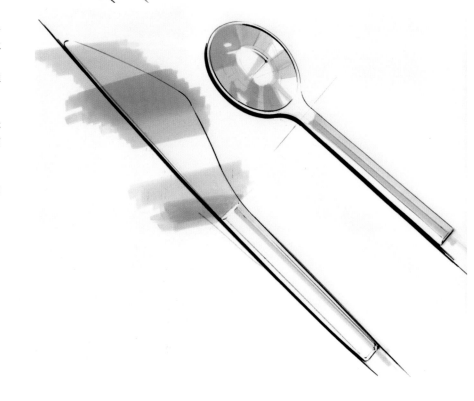

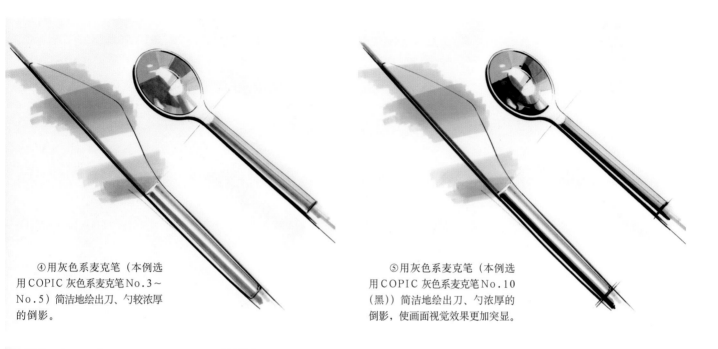

④用灰色系麦克笔（本例选用COPIC灰色系麦克笔No.3～No.5）简洁地绘出刀、勺较浓厚的倒影。

⑤用灰色系麦克笔（本例选用COPIC灰色系麦克笔No.10（黑））简洁地绘出刀、勺浓厚的倒影，使画面视觉效果更加突显。

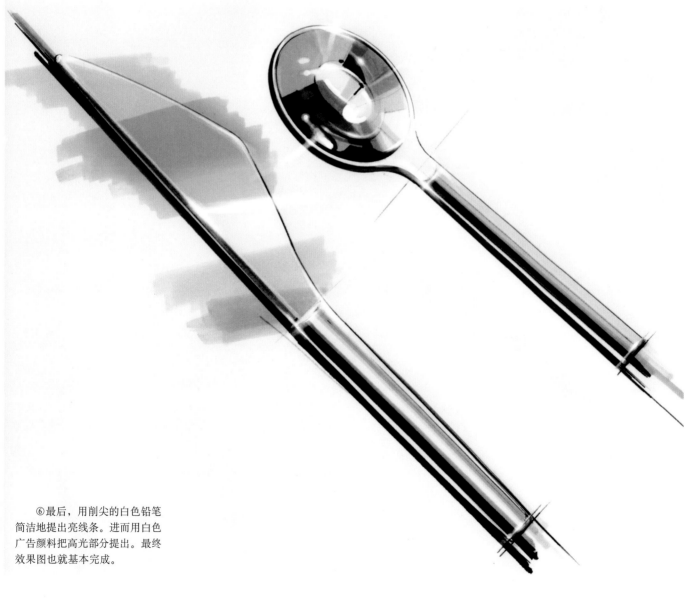

⑥最后，用削尖的白色铅笔简洁地提出亮线条。进而用白色广告颜料把高光部分提出。最终效果图也就基本完成。

⑦为营造最终效果图内容的环境氛围而增加绘制背景。

把步骤⑥完成的最终效果图剪下来，粘贴在喜好的纹饰上面。

注：本例的两种背景纹饰是用麦克笔和彩色铅笔手工绘制的，完全没有经过计算机处理。

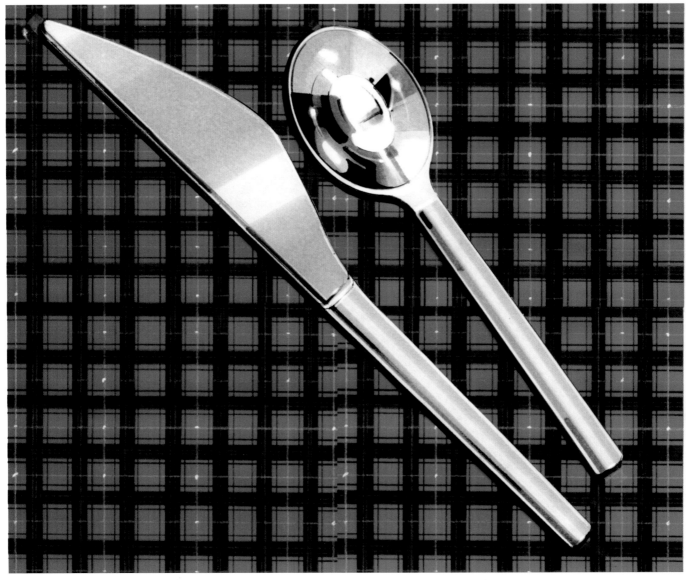

选用 COPIC 灰色系麦克笔 No.1 和
No.2 表现刀的淡薄倒影

用削尖的白色铅笔提出亮轮廓线

选用 COPIC 灰色系麦克笔 No.10
（黑）表现勺的暗倒影

选用 COPIC 灰色系麦克笔 No.1～
No.5 表现勺的倒影

用白色广告颜料提出高光部分

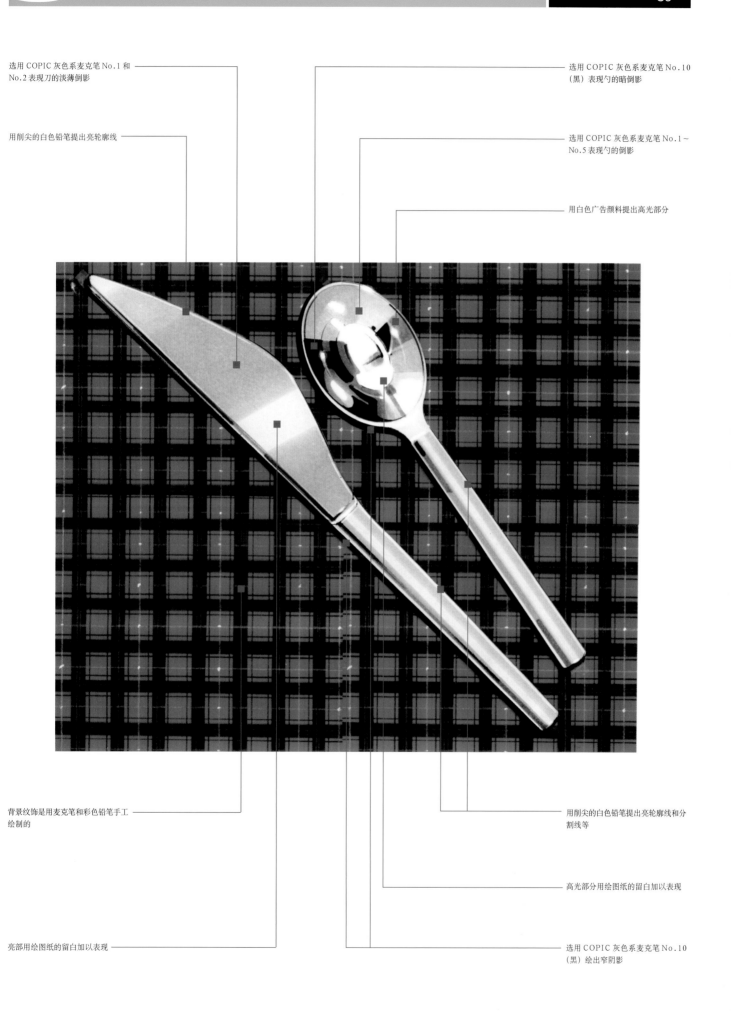

背景纹饰是用麦克笔和彩色铅笔手工
绘制的

用削尖的白色铅笔提出亮轮廓线和分
割线等

高光部分用绘图纸的留白加以表现

亮部用绘图纸的留白加以表现

选用 COPIC 灰色系麦克笔 No.10
（黑）绘出窄阴影

■不锈钢容器的设计效果图

这个不锈钢容器是以圆筒形为基本造型来展开设计，并绘制成最终效果图。

注：本例对于练习表现不锈钢的质感来说是比较好的题材。

①绘制勾线图。

选择一张认为比较理想的构思草图为基础，在任意一张白色 A3 复印纸上，用黑色铅笔绘出不锈钢容器的线条。

直线、圆和曲线分别用直尺、圆规和曲线尺等规范绘制。

③用黑色麦克笔（本例选用 COPIC 灰色系麦克笔 No.10（黑））和尺类工具简洁地规范绘出盖的阴影、主体和盖的粗分割线等。

②在步骤①完成的勾线图上覆盖一张 A3 白色绘图纸，再用红色和黑色水性针管绘图笔简洁地绘出容器主体、盖、把手的轮廓线和分割线。

直线、圆和曲线分别用直尺、圆规和曲线尺等规范绘制。

④用黑色麦克笔（本例选用COPIC灰色系麦克笔No.10（黑））和尺类工具简洁地规范绘出不锈钢主体表面的倒影和底部。

⑤用色粉进行处理。

为了不使色粉溢出，把容器的外围用遮盖胶带、描图纸（硫酸纸）或复印纸盖住。

注：如果容器的外围没有遮盖，溢出的色粉可用美术专用橡皮、可塑橡皮或橡皮棒擦去。

⑥用折叠成小块的面巾纸或脱脂棉的尖端蘸上蓝灰色粉（灰色粉＋蓝色粉＋少量黑色粉充分混合）按主体表面的纵方向铺涂，以表现主体表面不锈钢的材质感。

另外，明亮部分可用绘图纸的留白，或者用美术专用橡皮、可塑橡皮或橡皮棒擦出。

注：为了使色粉在纸面上表现得更加光洁，可在色粉中掺入色粉总量30％左右的婴儿用爽身粉，充分混合搅拌后使用。

⑦用色粉铺涂完毕后，用喷雾式色粉定画液喷涂画面，使画面上的色粉得到固定和保护。喷涂时，喷嘴距离画面20cm～30cm 较合适。

⑧用喜好颜色的麦克笔（本例选用 COPIC 红色系麦克笔 RV29）简洁地绘出盖和把手的倒影。

另外，之后铺涂色粉的表面部分用绘图纸的留白。

⑨用折叠成小块的面巾纸或脱脂棉的尖端蘸上与步骤⑤中红色麦克笔颜色相同的红色系色粉，对盖、把手铺涂。

⑩绘制背景。
　　用遮盖胶带把所绘背景的外围和不锈钢容器的部分主体遮盖住，选用喜好颜色的色粉（本例选用紫色系色粉），用折叠成小块的面巾纸或脱脂棉的尖端蘸上并铺涂成渐变效果。

⑪用折叠成小块的面巾纸或脱脂棉的尖端蘸上灰色系色粉，铺涂表现不锈钢容器在放置面上淡薄的阴影。

⑫ 用削尖的白色铅笔简洁地绘出亮分割线、轮廓线和细部等。

直线、曲线和圆分别用直尺、曲线尺和椭圆模板规范绘制。

⑬ 用面相笔（日本产的一种勾线用毛笔，类似于中国产的叶筋笔）蘸上白色广告颜料把高光线、高光点简洁地提出来。这样，最终效果图就基本完成了。

⑭如有必要，可以用转印字（亦称刮字纸）来表现不锈钢容器上的文字。

用红色系麦克笔相同颜色的色粉铺涂
盖、把手

用喜好颜色的色粉(本例选用紫色系
色粉)铺涂成背景

用白色广告颜料提出高光部分

用喜好颜色的麦克笔（本例选用
COPIC 红色系麦克笔 RV29）着色

用细红色水性针管绘图笔绘制盖、把
手的轮廓线和棱线

用削尖的白色铅笔表现亮分割线、轮
廓线和细部等

用浅灰色粉铺涂表现不锈钢容器在放
置面上的阴影

亮表面可用绘图纸的留白，也可用美
术专用橡皮、可塑橡皮或橡皮棒擦出

选用黑色麦克笔(本例选用COPIC灰
色系麦克笔No.10(黑))表现主体表
面的最暗倒影

用细黑色和细红色水性针管绘图笔绘
出轮廓线和分割线等

用灰色粉＋蓝色粉＋少量黑色粉充分
混合，铺涂表现主体表面不锈钢的材
质感

如有必要，可以用转印字(亦称刮字
纸)来表现不锈钢容器上的文字

■工作台的设计效果图

这是为了练习表现木材质感而绘制的工作台设计效果图。

①用构思草图来展开工作台的造型设计。

在复印纸上用黑色铅笔、色粉极其简洁地勾画表现。

诸多工作台的构思草图
用直尺绘制

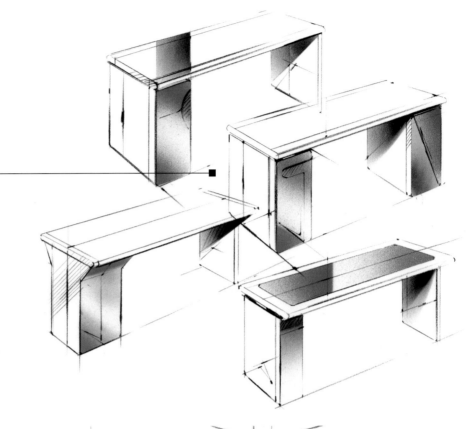

②在步骤①完成的构思草图中选择造型较为理想的一幅，以此为基础来绘制最终效果图的勾线图。

选择最佳的透视角度展示工作台，在任意一张纸上用彩色铅笔绘制工作台的线条。

直线和半圆分别用直尺和椭圆模板规范绘制。

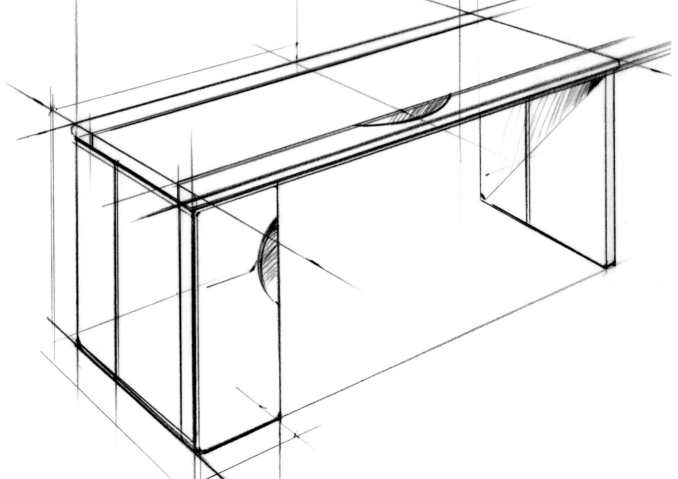

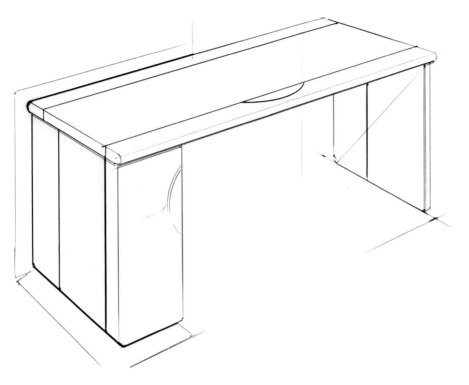

③在步骤②完成的勾线图上覆盖一张A3白色绘图纸，用黑色圆珠笔绘出工作台的轮廓线和其他部分的线条。

直线和半圆分别用直尺和椭圆模板规范绘制。

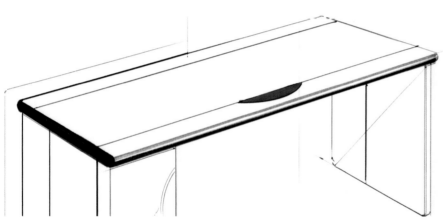

④用灰色系麦克笔简洁地表现工作台上面的金属表面（红色部分用红色系麦克笔平涂）。

⑤用色粉进行处理。

在描图纸（亦称硫酸纸）上，用刀子将蓝色系和灰色系色粉棒刮削成粉末，然后再用折叠成小块的面巾纸或脱脂棉搅拌色粉使其充分混合。

注：为了使画面更加光洁，可在色粉中掺入色粉总量30％左右的婴儿用爽身粉，充分混合搅拌。

⑥为了不使色粉溢出边缘，要把铺色部分的四周围用遮盖胶带盖住，再将面巾纸或脱脂棉折叠成小块，并用尖端蘸上备好的色粉，将工作台桌面的金属部分铺涂成渐变的效果。

另外，亮部留白，或者用美术专用橡皮擦出。

⑦接着把其他金属表面用相同颜色的色粉进行铺涂。

金属表面用色粉处理完毕后，用喷雾式色粉定画液喷涂画面，使画面上的色粉得到固定和保护。

⑧红色表面用红色系色粉铺涂成渐变的效果。

亮部留白，或者用美术专用橡皮、可塑橡皮擦出。

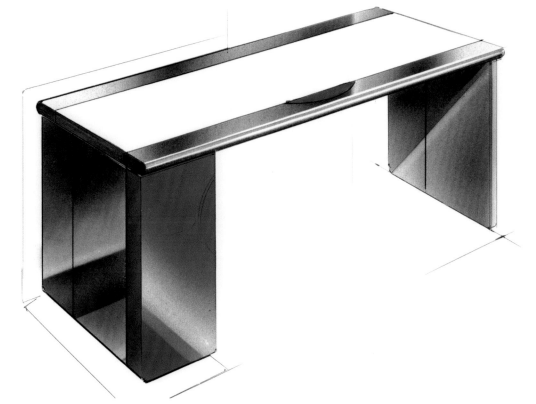

⑨红色表面用色粉处理完毕后，再一次用喷雾式色粉定画液喷涂画面，使画面上的色粉得到固定和保护。

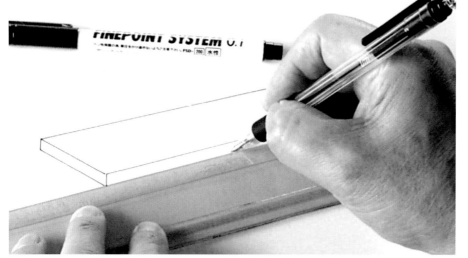

⑩表现木质部分。

在另外一张白色绘图纸上绘制工作台上面的木质板的轮廓。

轮廓线用黑色圆珠笔或黑色水性针管绘图笔来绘制。

⑪用黄色系和茶色系色粉作为木质的基本颜色，并按木质板的长轴方向铺色。接着再用黑色粉棒头部的棱角轻轻地描绘木纹横线，用手指按木质板的长轴方向涂抹成渐变的效果。这样，一个简单的木质表现效果就完成了。

⑫ 在木纹上添绘环境倒影。

在木质板面的适当位置上覆盖一张纸，用于规限反光面的面积。用折叠成小块的面巾纸或脱脂棉，把已经描绘好的木质板面上的色粉轻轻地擦掉一部分来表现反光。

⑬ 把绘制好的木质板面的效果图剪下来，贴到绘制好的工作台上面。

⑭ 剪贴好的效果图。

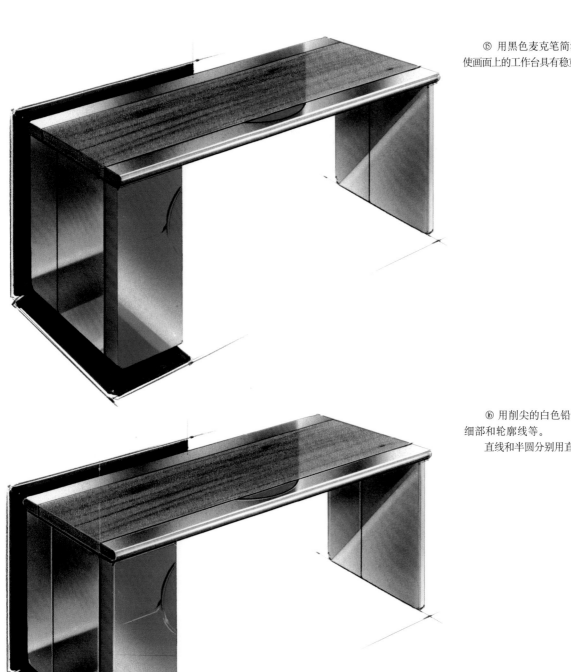

⑮ 用黑色麦克笔简洁地强调出背景和阴影，使画面上的工作台具有稳重感，更加突出视觉效果。

⑯ 用削尖的白色铅笔简洁地表现亮分割线、细部和轮廓线等。

直线和半圆分别用直尺和椭圆模板规范绘制。

⑰ 用面相笔（日本产的一种勾线用毛笔）蘸上白色广告颜料，把高光线、高光点和高光细部简洁地提出来。

画高光直线时，将中指夹在面相笔和笔杆中间，使二者不能随意晃动，然后用笔杆紧靠直尺沟槽轻快地描绘。

⑧ 完成后的工作台的最终效果图。

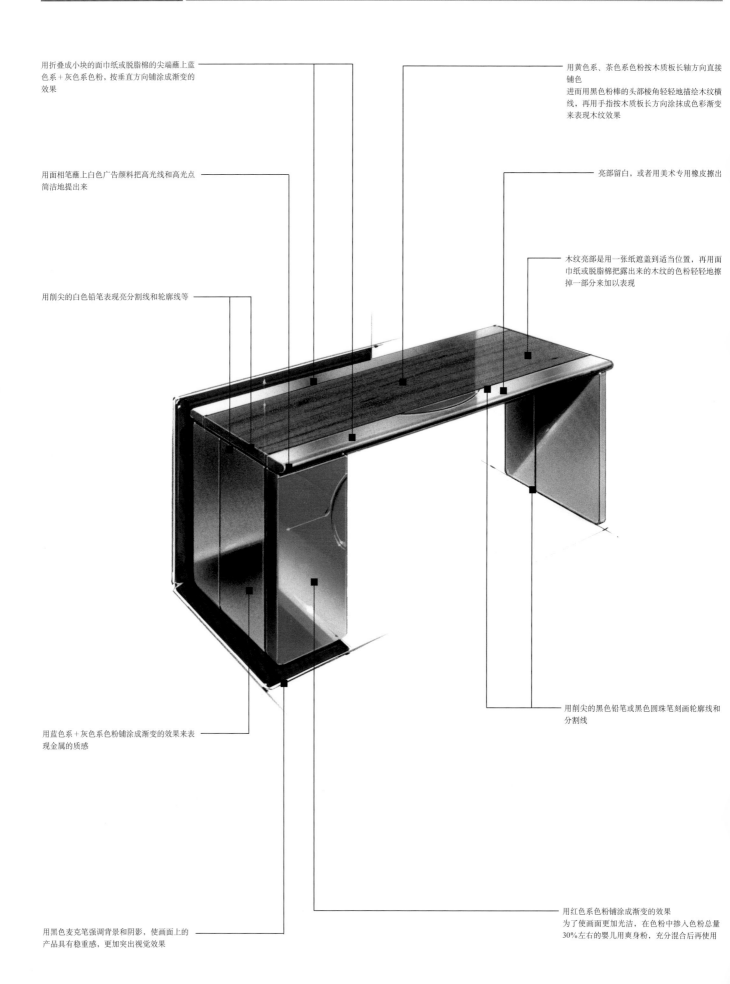

用折叠成小块的面巾纸或脱脂棉的尖端蘸上蓝色系＋灰色系色粉，按垂直方向铺涂成渐变的效果

用面相笔蘸上白色广告颜料把高光线和高光点简洁地提出来

用削尖的白色铅笔表现亮分割线和轮廓线等

用黄色系、茶色系色粉按木质板长轴方向直接铺色
进而用黑色粉棒的头部棱角轻轻地描绘木纹横线，再用手指按木质板长方向涂抹成色彩渐变来表现木纹效果

亮部留白，或者用美术专用橡皮擦出

木纹亮部是用一张纸遮盖到适当位置，再用面巾纸或脱脂棉把露出来的木纹的色粉轻轻地擦掉一部分来加以表现

用削尖的黑色铅笔或黑色圆珠笔刻画轮廓线和分割线

用蓝色系＋灰色系色粉铺涂成渐变的效果来表现金属的质感

用黑色麦克笔强调背景和阴影，使画面上的产品具有稳重感，更加突出视觉效果

用红色系色粉铺涂成渐变的效果
为了使画面更加光洁，在色粉中掺入色粉总量30%左右的婴儿用爽身粉，充分混合后再使用

■ 小型摩托车的设计效果图

这是为练习造型展开而绘制的小型摩托车设计效果图。

注：为了强调小型摩托车主体的金属质感，绘制效果图时主要使用灰色系麦克笔。

①绘制正面勾线图。

从诸多构思草图中选择造型比较理想的一幅，并按适当比例扩大或缩小。

在白色 A 3 复印纸上，用黑色圆珠笔、黑色铅笔和黑色水性针管绘图笔勾出小型摩托车的线条。

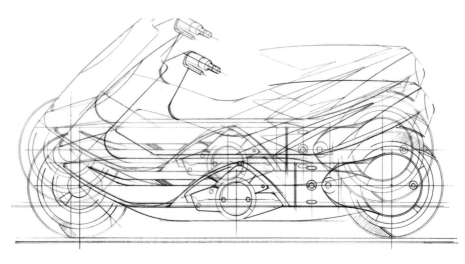

②在步骤①完成的勾线图上覆盖一张 A 3 白色绘图纸，用黑色圆珠笔、黑色水性针管绘图笔绘出轮廓线、细部等。

直线、曲线和圆分别用直尺、曲线尺和椭圆模板规范绘制。

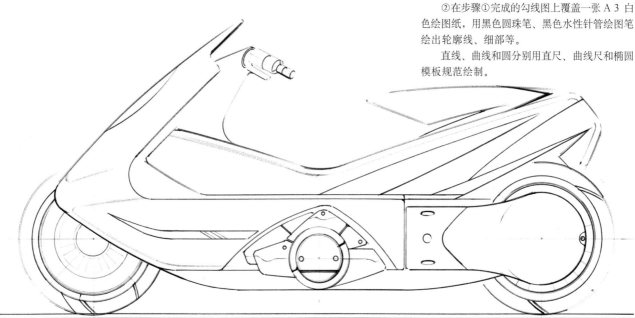

③选用 COPIC 灰色系麦克笔 No.2~No.7 表现主体的金属质感。

直线、曲线和圆分别用直尺、曲线尺、椭圆模板和圆规规范绘制。

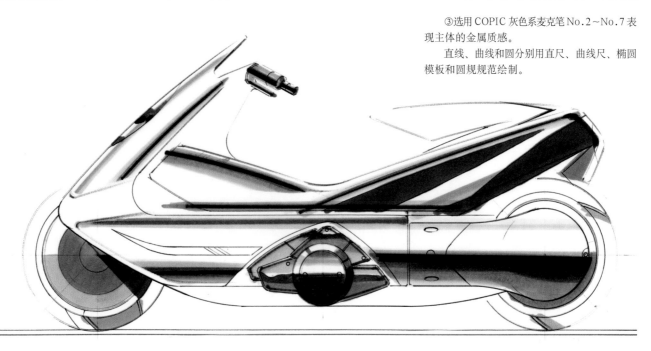

④选用 COPIC 灰色系麦克笔 No.10（黑）绘制最暗的部分、细部和地平线等，使画面的表现效果更加突显。

注：主体明亮部分用绘图纸的留白。另外，车轮部分的省略表现，可以使整辆小型摩托车显得更加轻便。

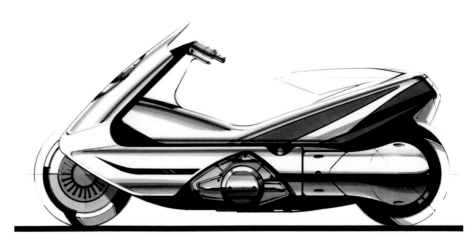

⑤用灰色系色粉表现车座和车把周围之后，用黑细麦克笔和黑色铅笔等对分割线和轮廓线等补充描绘。

直线、曲线和圆分别用直尺、曲线尺和椭圆模板规范绘制。

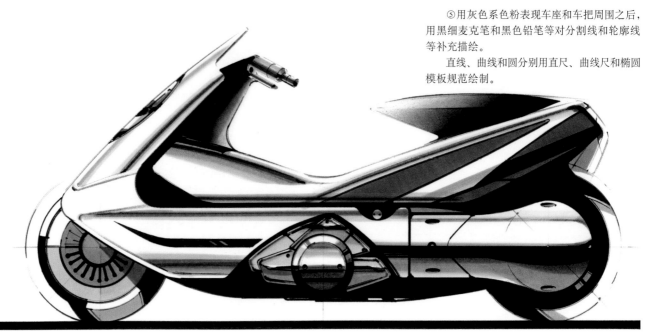

⑥用削尖的白色铅笔、直尺、曲线尺、椭圆模板和圆规简洁地规范绘制亮分割线和细部。

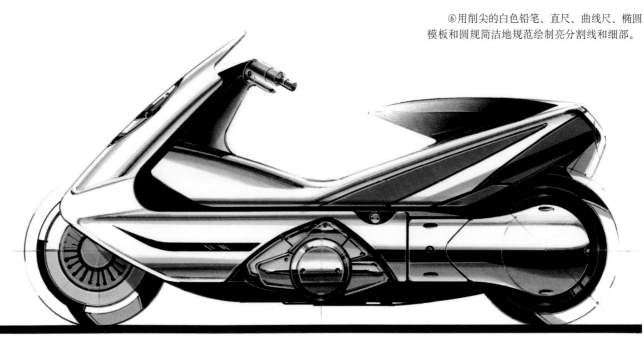

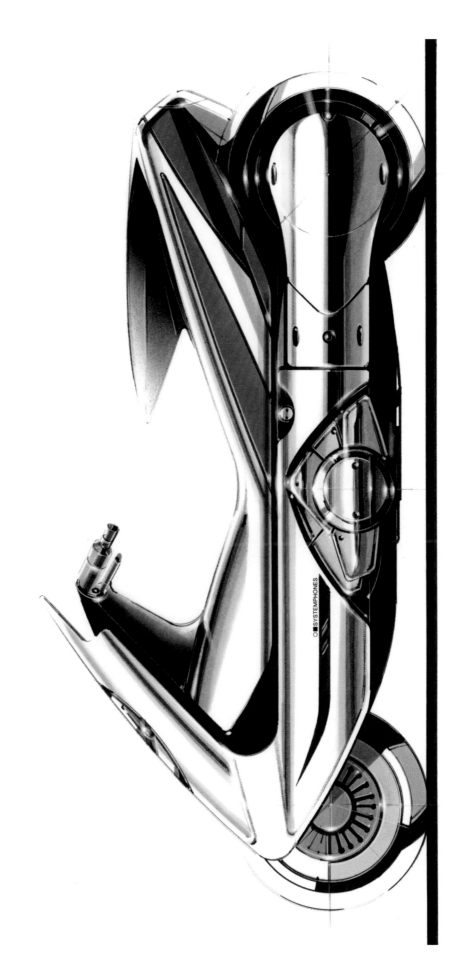

⑥用黑色转印字（亦称刮字纸）来表现图中的文字。 最后，用白色广告颜料和修正液（白色）简洁地把高光点提出。 小型摩托车的最终效果图就此完成。

主体明亮部分用绘图纸的留白

与车座部分同样，用灰色色系色粉表现

用黑色圆珠笔和水性针管绘图笔绘出轮廓线和分割线等

选用COPIC灰色系麦克笔No.6铺涂表现

用折叠成小块的面巾纸或脱脂棉的尖端蘸上灰色系色粉铺涂表现车座

用白色广告颜料和修正液（白色）提出高光点

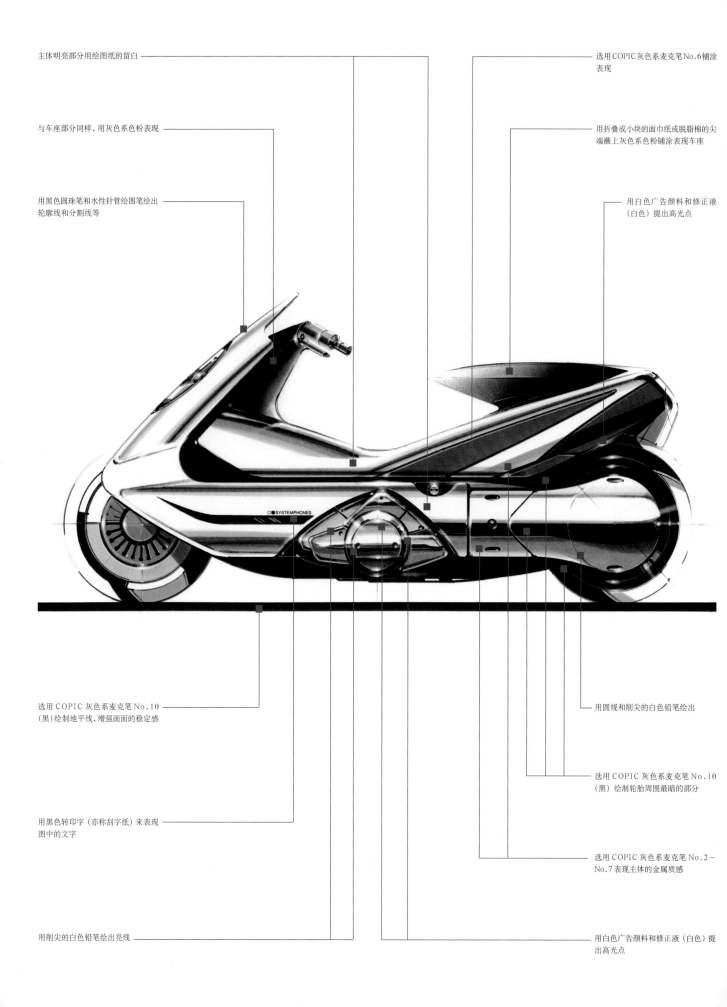

选用COPIC灰色系麦克笔No.10（黑）绘制地平线，增强画面的稳定感

用圆规和削尖的白色铅笔绘出

选用COPIC灰色系麦克笔No.10（黑）绘制轮胎周围最暗的部分

用黑色转印字（亦称刮字纸）来表现图中的文字

选用COPIC灰色系麦克笔No.2～No.7表现主体的金属质感

用削尖的白色铅笔绘出亮线

用白色广告颜料和修正液（白色）提出高光点

■摩托车的设计效果图

这是为摩托车的形态研究而绘制的设计效果图。

从诸多构思草图中选择造型比较好的一幅并以此为基础绘制最终效果图。

①在任意一张 A 3 白色复印纸上，用尺类工具、红色圆珠笔和红色铅笔等勾绘出摩托车的正面线条。

②在步骤①完成的勾线图上覆盖一张 A 3 白色绘图纸，用尺类、圆规工具、红色圆珠笔、黑色圆珠笔和水性针管绘图笔描绘出摩托车的线条。

③用麦克笔进行处理。

选用 COPIC 灰色系麦克笔 No.2～No.7 简洁的绘制摩托车的机构和车轮部分。明亮的部分用绘图纸的留白。

注：用麦克笔绘制时，虽然可以从深颜色的地方到浅颜色的地方进行，但从深颜色的地方开始绘制会更方便顺利。另外，直线、曲线和圆分别用直尺、曲线尺、椭圆模板或多用途圆规范绘制。

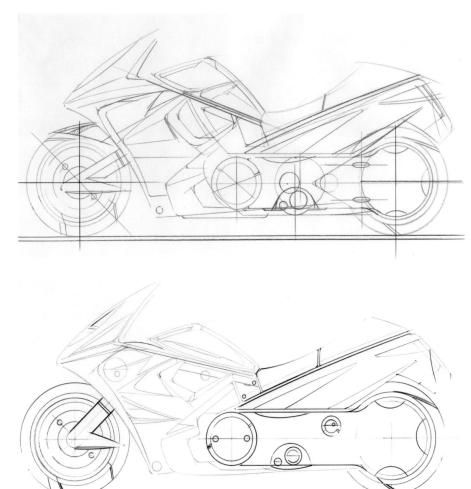

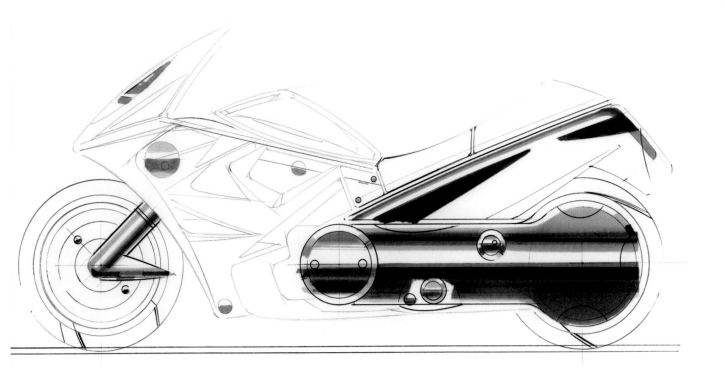

④用喜好颜色的麦克笔（本例选用 COPIC 红色系麦克笔 RV29）描绘摩托车主体的前方（挡风板一方）映出的环境倒影。明亮的部分用绘图纸的留白。

注：直线、曲线和圆分别用直尺、曲线尺、椭圆模板或多用途圆规规范绘制。

⑤选用 COPIC 灰色系麦克笔 No.2、No.7 和红色系麦克笔 RV29 简洁地对摩托车主体进行着色分割。

⑥选用 COPIC 灰色系麦克笔 No.10（黑）描绘车轮、最暗的部分、最暗的环境倒影和地平线等，使画面的表现效果更加突显。

注：直线、曲线和圆分别用直尺、曲线尺、椭圆模板或多用途圆规规范绘制。

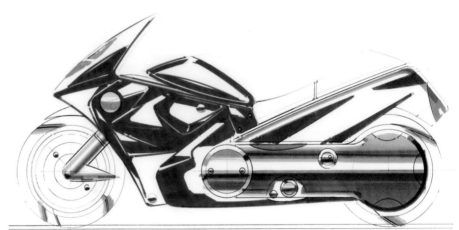

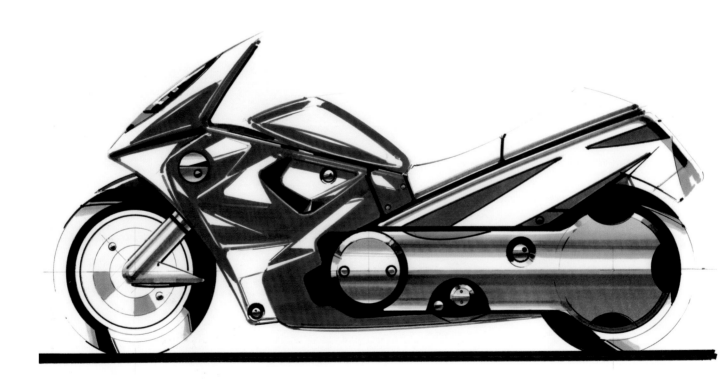

⑦用色粉加以表现处理。

用折叠或小块的面巾纸或脱脂棉的尖端蘸上与麦克笔铺色摩托车主体的前方（挡风板一方）相同的红色系色粉，铺涂成渐变的效果。

明亮部分用绘图纸的留白，也可用美术专用橡皮、可塑橡皮或橡皮棒擦出。

注：为了使画面更加光洁，可在色粉中掺入色粉总量20％左右的婴儿用爽身粉，充分混合后使用。

⑧用红色系色粉铺涂完毕后，用喷雾式色粉定画液喷涂画面，使画面上的色粉得到固定和保护。

⑨再用折叠或小块的面巾纸或脱脂棉的尖端蘸上深灰色粉，对车座部分简洁地铺涂成渐变效果。

用色粉处理完毕后，再用喷雾式色粉定画液喷涂画面，使画面上的色粉得到固定和保护。

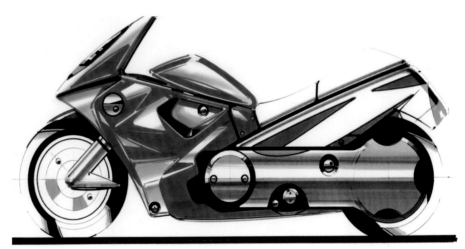

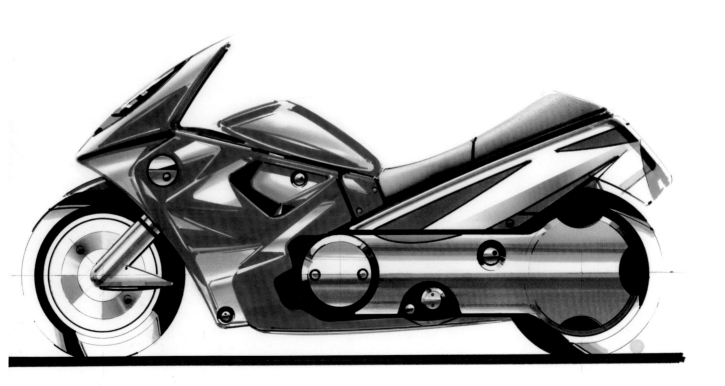

⑩为力求营造效果图内容的空间环境而绘制背景。

用遮盖胶带把所绘背景的外围和摩托车的部分主体遮盖住，选择适合颜色的色粉（本例选用紫色系、灰色系和黑色）按斜上下方向反复铺涂。

用色粉铺涂完毕后，用喷雾式色粉定画液喷涂背景，使背景上的色粉得到固定和保护。

⑪用削尖的白色铅笔简洁地绘出亮分割线、亮轮廓线和细部。

直线、曲线和圆分别用直尺、曲线尺、椭圆模板或多用途圆规规范绘制。

⑫用白色铅笔简洁地提出亮线和亮点等部分。

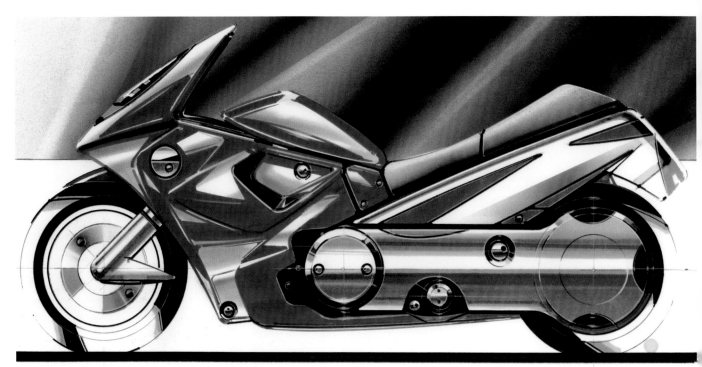

⑬ 绘制完成的摩托车最终效果图。

用面相笔（日本产的一种勾线用毛笔，类似于中国产的叶筋笔）蘸上白色广告颜料，简洁地表现高光点和高光线。

注：总体审视摩托车的最终效果图，以便及时修正和补充。

选用COPIC红色系麦克笔RV29描绘
出主体上映出的环境倒影

用面相笔蘸上白色广告颜料表现高光
部分

环境倒影亮部用绘图纸的留白，也可
用美术专用橡皮、可塑橡皮或橡皮棒
擦出

用与麦克笔相同的红色系色粉铺涂成
渐变效果

用喜好颜色的色粉（本例选用深灰
色）铺涂表现车座部分

用喜好颜色的色粉（本例选用紫色
系、灰色系和黑色）铺涂成背景

文字部分可用转印字（亦称刮字纸）
来表现

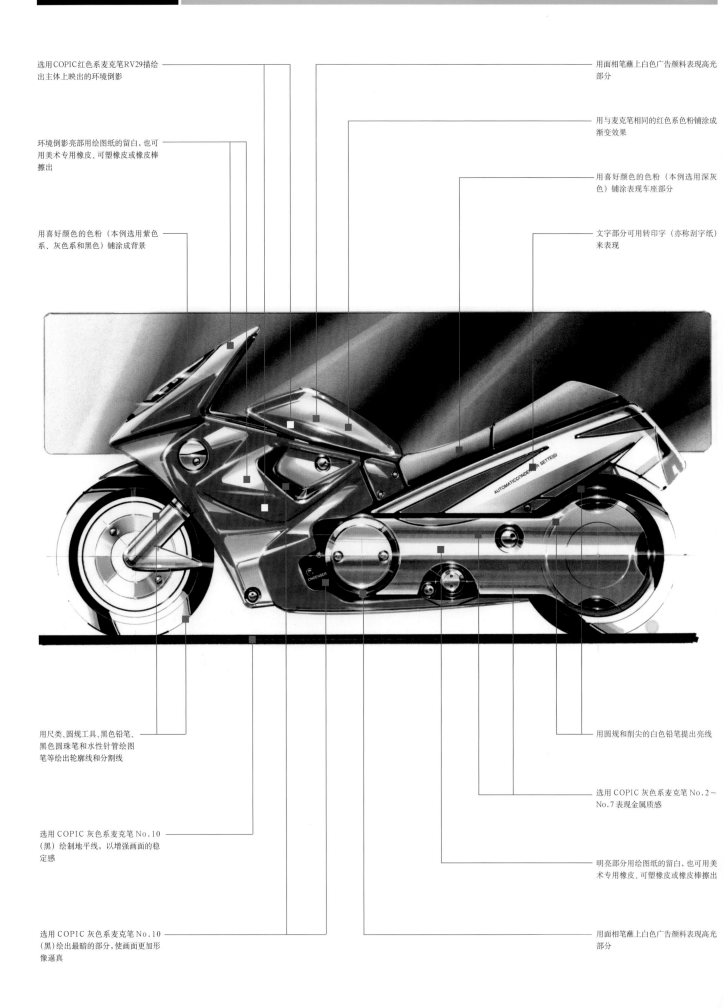

用尺类、圆规工具、黑色铅笔、
黑色圆珠笔和水性针管绘图
笔等绘出轮廓线和分割线

用圆规和削尖的白色铅笔提出亮线

选用COPIC 灰色系麦克笔No.2～
No.7表现金属质感

选用COPIC 灰色系麦克笔No.10
（黑）绘制地平线，以增强画面的稳
定感

明亮部分用绘图纸的留白，也可用美
术专用橡皮、可塑橡皮或橡皮棒擦出

选用COPIC 灰色系麦克笔No.10
（黑）绘出最暗的部分，使画面更加形
像逼真

用面相笔蘸上白色广告颜料表现高光
部分

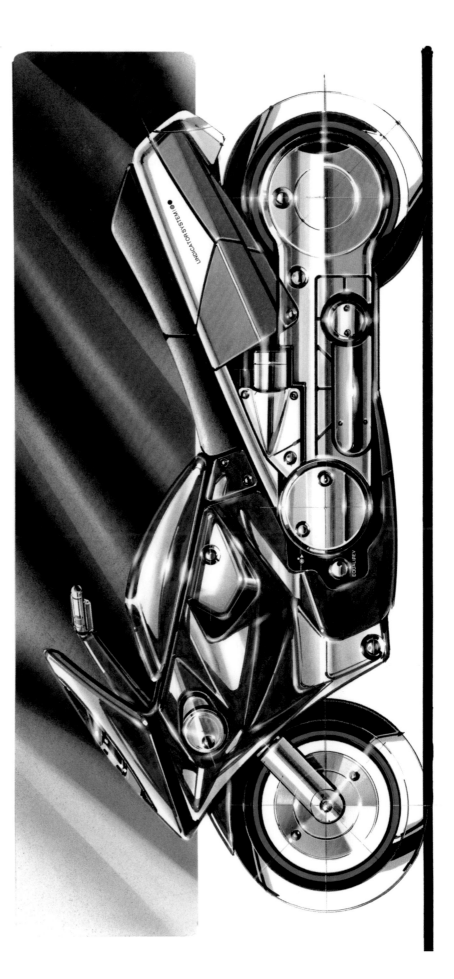

●摩托车的参考最终效果图（a）
即使对步骤ⓐ完成的最终效果图的某些机构
进行了改变，也会使印象有很大不同。

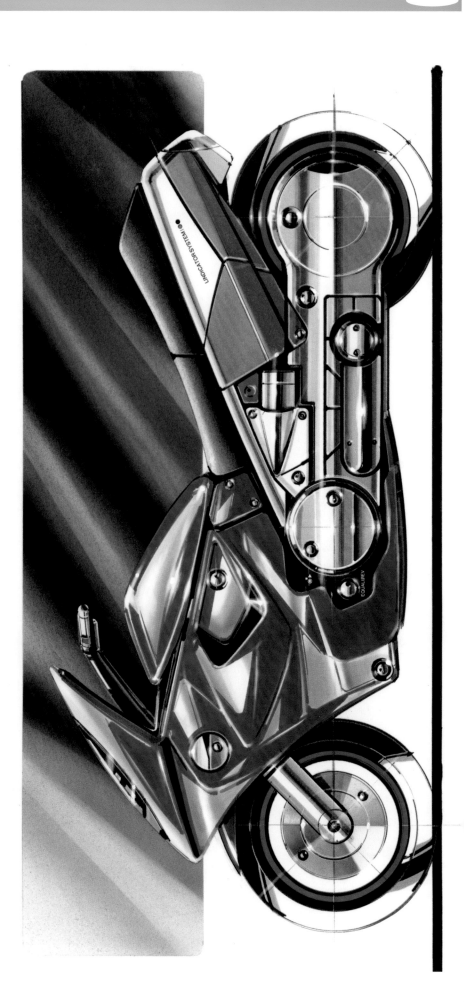

●摩托车的参考最终效果图（b）
对摩托车的参考最终效果图（a）改变车体
部分颜色。即使是完全相同的产品外观造型设
计，改变颜色也会使印象有很大不同。

■跑车的设计效果图

这是为造型设计研究而绘制的跑车（亦称赛车）的设计效果图。

以跑车的侧视位置为基础来进行绘制。

①绘制最终效果图的勾线图。

在任意一张 A3 白色复印纸上，用直尺、曲线尺和圆规、黑色圆珠笔、黑色铅笔等绘出跑车的线条。

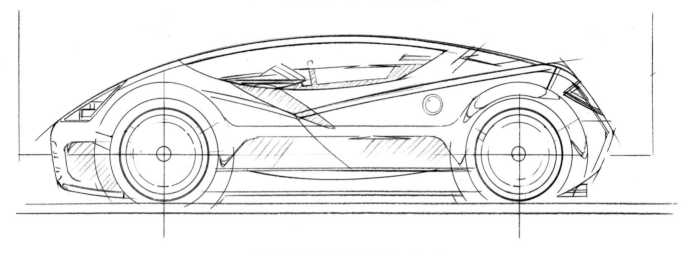

②在步骤①完成的勾线图上覆盖一张 A3 白色绘图纸，用尺类工具、红、黑紫色铅笔和圆珠笔绘出轮廓线、倒影和细部。

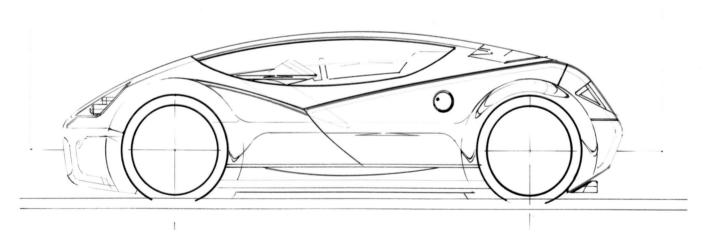

③选用 COPIC 红色系麦克笔 RV29，用尺类工具把车体右侧的倒影简洁地绘出。

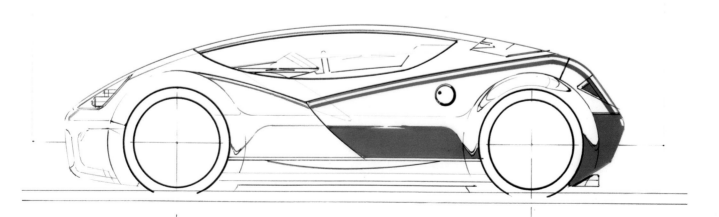

④选用 COPIC 紫色系麦克笔 V17，用直尺和曲线尺等尺类工具对车体左侧的倒影和车顶部分等着色。

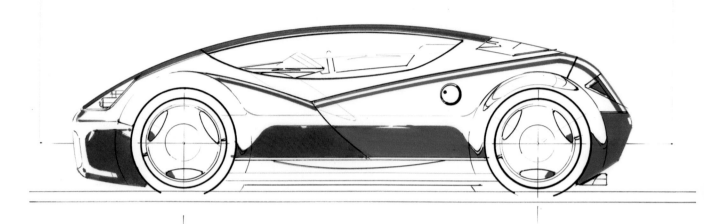

⑤选用 COPIC 灰色系麦克笔 No.2～No.7，用直尺和曲线尺等尺类工具和圆规简洁地绘出车轮的倒影、车灯、反射镜和细部。

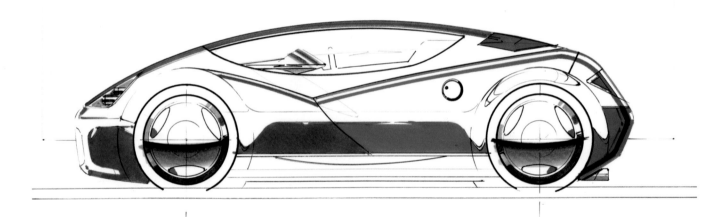

⑥选用 COPIC 茶色系麦克笔 E57，用直尺和曲线尺等尺类工具简洁地绘出车窗的倒影和车体下部。

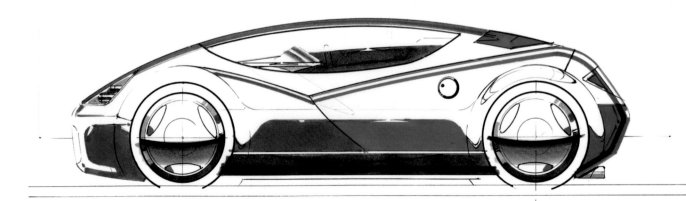

⑦选用COPIC灰色系麦克笔No.10（黑），用直尺和曲线尺等尺类工具绘出轮胎、地平线和细部，使画面更加形像逼真。

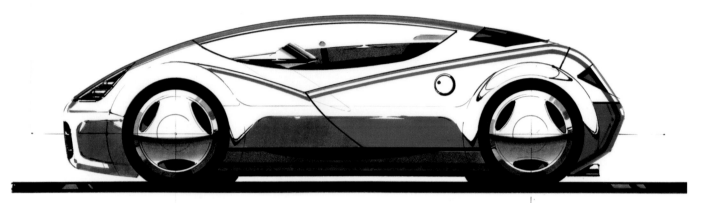

⑧用折叠或小块的面巾纸或脱脂棉的尖端蘸上与车窗相同茶色系麦克笔颜色的茶色系色粉，铺涂表现车窗的倒影。同样，选用红色系色粉对车体的右侧的倒影进行铺涂表现。

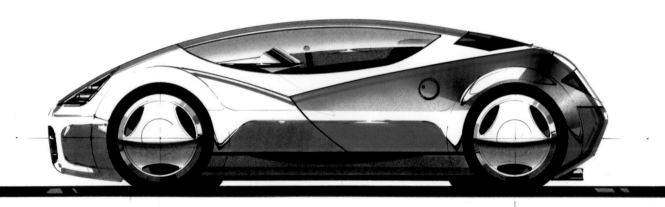

⑨用折叠或小块的面巾纸或脱脂棉的尖端蘸上与车体左侧倒影相同紫色系麦克笔颜色的紫色系色粉，铺涂表现车体的左侧。

明亮部分用绘图纸的留白，也可用美术专用橡皮、可塑橡皮或橡皮棒擦出。

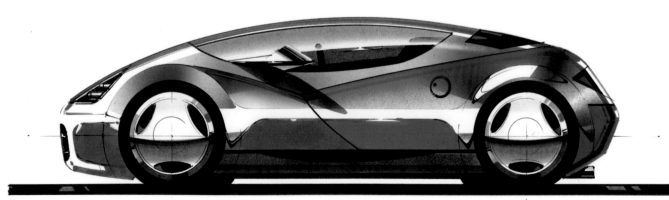

⑩用削尖的黑色铅笔和圆珠笔，在直尺、曲线尺、圆规等工具的规范下，补充绘制分割线和细部。接着，用削尖的白色铅笔简洁地表现亮线。最后，用白色广告颜料提出高光部分。这样，跑车的最终效果图就基本完成了。

⑩对完成的跑车最终效果图添加背景。

用遮盖胶带把所绘制的主体遮盖住，用折叠或小块的面巾纸或脱脂棉的尖端蘸上喜好颜色的色粉（本例选用灰色系＋黄色系＋少量黑色充分混合使用）简洁地铺涂成渐变效果。

注：背景的外围和跑车的主体没有固定模式，只要用自己喜好的画材、喜好的方法来加以表现就可以。

选用 COPIC 茶色系麦克笔 E57 表现
车窗的倒影

用紫色系色粉铺涂表现车体的左侧

用尺类工具、黑色圆珠笔和黑色铅笔
提出轮廓线和分割线

用白色广告颜料强调车窗上的高光点

色粉选用灰色系＋黄色系＋少量黑色
充分混合后铺涂成背景

用削尖的白色铅笔表现亮线

明亮部分用绘图纸的留白

选用 COPIC 灰色系麦克笔 No.10
（黑）绘出地平线，以增强画面的稳
定感

选用 COPIC 灰色系麦克笔 No.10
（黑）绘出轮胎和底盘

选用 COPIC 紫色系麦克笔 V17 绘出
车体左侧的倒影和车顶部分

选用 COPIC 灰色系麦克笔 No.2～
No.7 表现金属的质感

用折叠或小块的面巾纸或脱脂棉的尖
端蘸上红色系色粉铺涂表现

选用 COPIC 红色系麦克笔 RV29 绘出
车体右侧的倒影

选用 COPIC 茶色系麦克笔 E57 着色

●跑车的参考最终效果图（a）
虽然只是对步骤⑩完成的最终效果图的前后车轮进行了改变，但也使印象有很大不同。

●跑车的参考最终效果图 (b)

虽然只是对步骤⑩完成的最终效果图的前后车轮进行了改变，但也使印象有很大不同。

对车轮改变为水车或风车样的旋转形态，最终确定了这个设计方案。

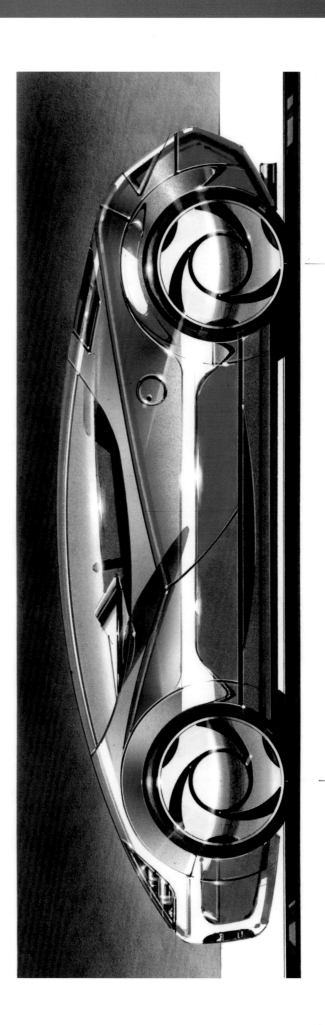

■小轿车的设计效果图 (A)

这是为练习造型展开设计而绘制的小轿车的最终效果图。

以小轿车的侧视位置为基础来进行绘制。

①绘制最终效果图的勾线图。

在任意一张 A 3 白色复印纸上，用直尺工具、黑色圆珠笔、黑色水性针管绘图笔等绘出小轿车的线条。

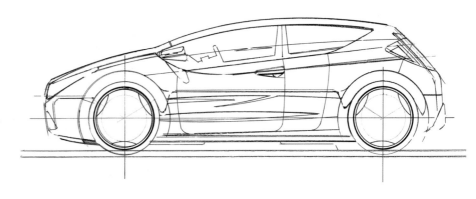

②在步骤①完成的勾线图上覆盖一张 A 3 白色绘图纸，用圆珠笔和水性针管绘图笔等描绘线条。

直线、曲线和圆分别用直尺、曲线尺、椭圆模板或圆规规范绘制。

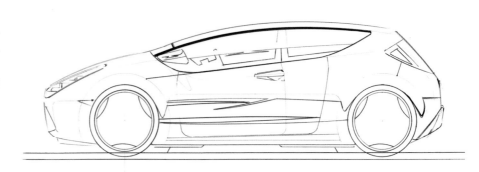

③选用 COPIC 灰色系麦克笔 No.2~No.7 简洁地绘出车轮、反射镜的倒影和细部。

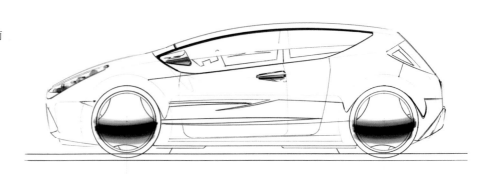

④选用 COPIC 橙色系麦克笔 R08 简洁地绘出车体上方的倒影、后车灯。

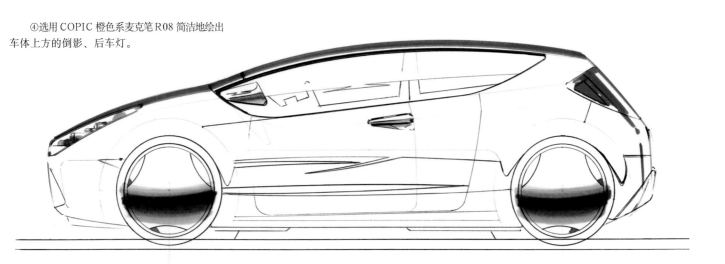

⑤选用COPIC灰色系麦克笔No.10（黑）简洁地绘出车体表面的暗倒影、轮胎和地平线，使画面表现效果更加突显。

⑥用折叠或小块的面巾纸或脱脂棉的尖端蘸上橙色系色粉，铺涂车体下方成渐变效果。

⑦同样，用折叠或小块的面巾纸或脱脂棉的尖端蘸上橙色系色粉，铺涂车体上方成渐变效果。

⑧接着，用折叠或小块的面巾纸或脱脂棉的尖端蘸上橙色系和茶色系色粉，简洁地表现车窗上的倒影。

用色粉处理完毕后，用喷雾式色粉定画液喷涂画面，使画面上的色粉得到固定和保护。

注：为了使色粉在纸面上表现得更加光洁，可在色粉中掺入色粉总量30%左右的婴儿用爽身粉，充分混合搅拌后使用。

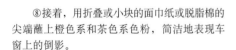

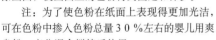

⑨进而用折叠或小块的面巾纸或脱脂棉的尖端蘸上橙色系色粉，铺涂表现车体前后鼓起的车轮挡板。

另外，明亮部分用绘图纸的留白，也可用美术专用橡皮、可塑橡皮或橡皮棒擦出。

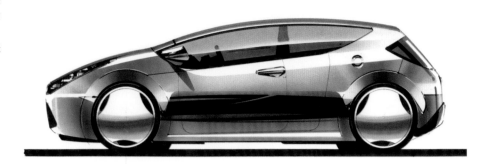

⑩用尺类工具和圆规、黑色圆珠笔和黑色铅笔强调分割线和细部之后，再用削尖的白色铅笔简洁地提出亮线。

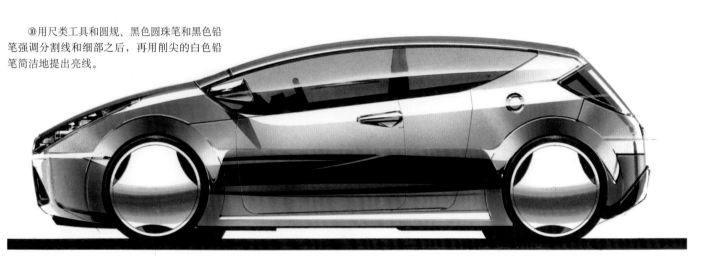

⑪绘制背景。

用遮盖胶带把所绘背景的外围和小轿车的主体遮盖住，用折叠或小块的面巾纸或脱脂棉的尖端蘸上喜好颜色的色粉（本例选用黄色系＋ 绿色系＋ 少量黑色充分混合使用）简洁地铺涂成渐变效果。

注：背景的绘制方法没有固定模式，只要用自己喜好的画材、喜好的方法来加以表现就可以。

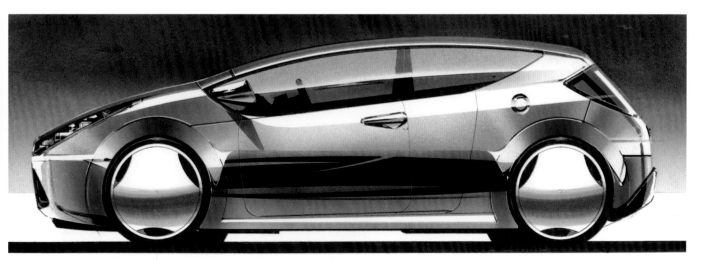

⑫用面相笔（日本产的一种勾线用毛笔，类似于中国产的叶筋笔）蘸上白色广告颜料提出高光部分。这样，小轿车的最终效果图就此完成。

用茶色系色粉表现车窗上的倒影

用橙色系色粉表现车体表面

选用 COPIC 橙色系麦克笔 R08 表现
车体上方的倒影

用橙色系色粉铺涂表现车窗上的倒影

用喜好颜色的色粉(本例选用黄色系+
绿色系+少量黑色充分混合使用)铺
涂成渐变效果

用削尖的白色铅笔绘出亮线

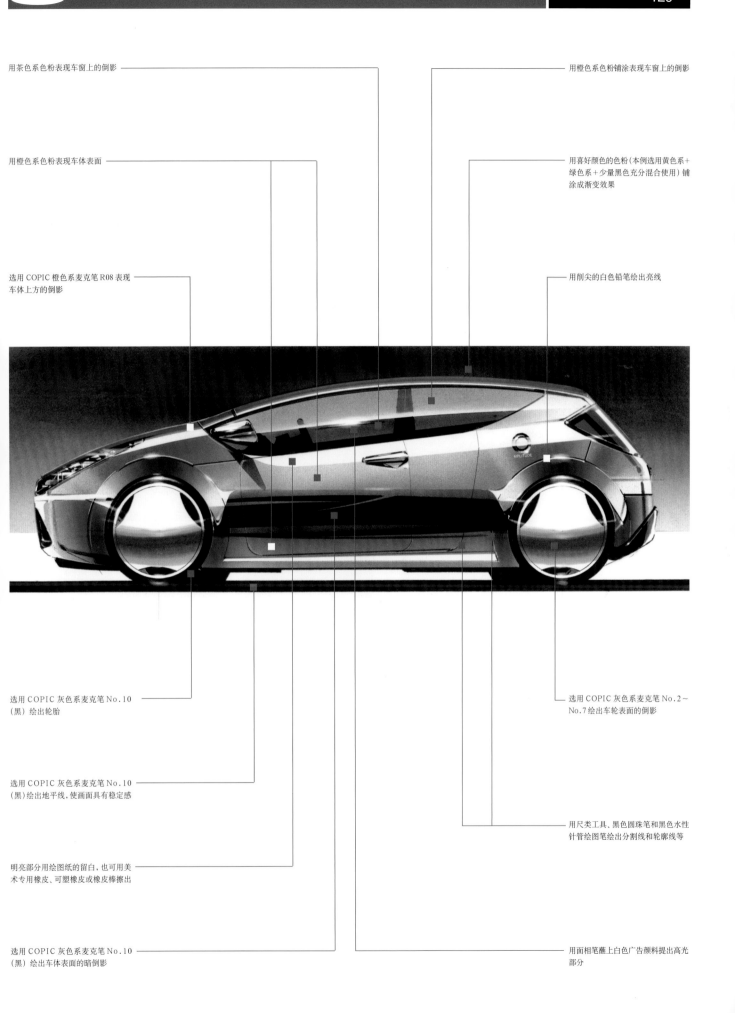

选用 COPIC 灰色系麦克笔 No.10
(黑)绘出轮胎

选用 COPIC 灰色系麦克笔 No.10
(黑)绘出地平线,使画面具有稳定感

明亮部分用绘图纸的留白,也可用美
术专用橡皮、可塑橡皮或橡皮棒擦出

选用 COPIC 灰色系麦克笔 No.10
(黑)绘出车体表面的暗倒影

选用 COPIC 灰色系麦克笔 No.2~
No.7绘出车轮表面的倒影

用尺类工具、黑色圆珠笔和黑色水性
针管绘图笔绘出分割线和轮廓线等

用面相笔蘸上白色广告颜料提出高光
部分

●小轿车的参考最终效果图

虽然只是对步骤⑩完成的最终效果图的前后车轮进行了改变，但也使印象有很大不同。

■小轿车的设计效果图（B）

这是为练习造型设计而绘制的小轿车的最终效果图。

●绘制最终效果图的勾线图。

①通过车轮中心画水平线（与视线同等高度），在水平线上确定前轮和后轮的适当间隔距离，并绘出车轮的轮廓。接着，在适当的高度画出一条与水平线平行的直线，在其直线上确定车前部的左右前照灯位置，并绘出前照灯的轮廓。

注：用彩色铅笔在Ａ３描图纸（亦称硫酸纸）上绘制。

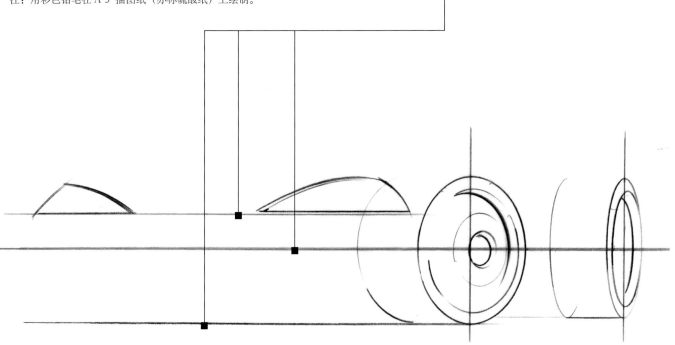

相互平行的直线

②在步骤①完成的勾线图的基础上，用彩色铅笔画出小轿车车体的轮廓线。

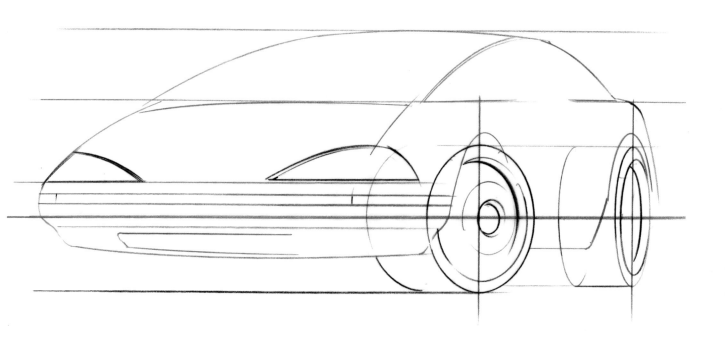

③描绘车体、车窗及其表面映射出的环境倒影。这样，最终效果图的勾线图就基本完成。

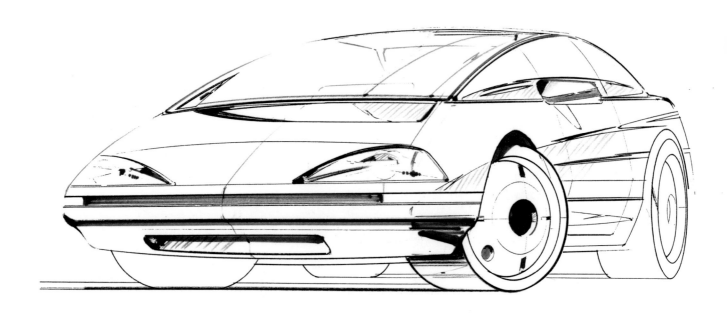

● 绘制最终效果图。
①在勾线图上覆盖一张Ｖ.Ｒ绘图纸（一种手感较厚的半透明描图纸），用蓝色系及黑色圆珠笔和削尖的彩色铅笔在纸上描出轮廓线、环境倒影和其他细部。
直线、曲线和圆分别用直尺、曲线尺和椭圆模板规范绘制。

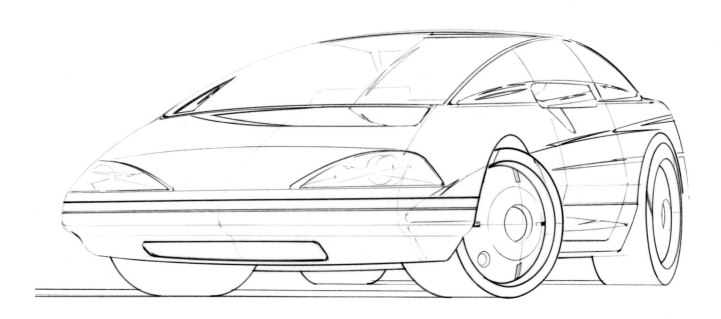

②在Ｖ.Ｒ绘图纸的背面用麦克笔进行处理。

把Ｖ.Ｒ绘图纸翻过来，在纸的背面用灰色系、黑色和其他颜色的麦克笔绘出车体表面、车窗和前照灯等上的环境倒影。

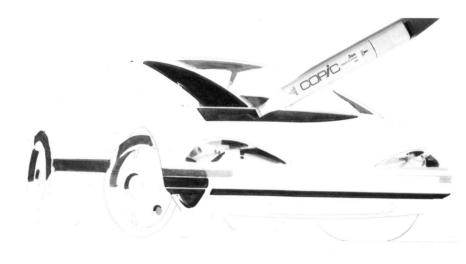

③在Ｖ.Ｒ绘图纸的背面用麦克笔绘制完毕后的效果。

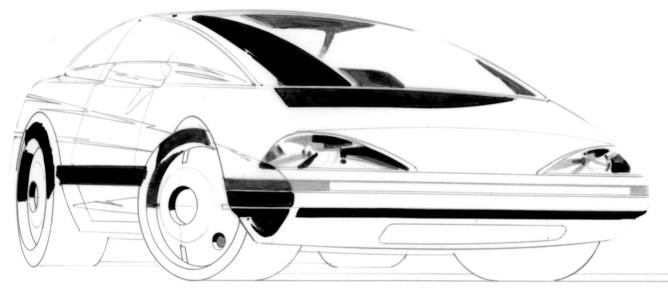

④然后把Ｖ.Ｒ绘图纸再翻过去，继续在绘图纸的正面用麦克笔进行处理。

用灰色系、黑色和其他颜色的麦克笔对车体、车窗和前照灯等重点加工。

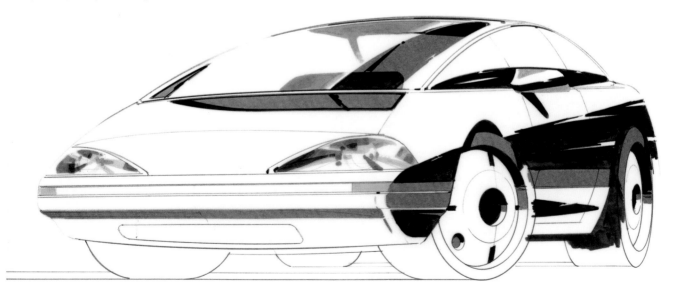

⑤用黑色麦克笔刻画暗部、投影和细部，使画面上的小轿车具有精致和稳重感。

这样，在V.R绘图纸的正面用麦克笔的加工处理就基本结束。

⑥在V.R绘图纸的背面用色粉进行铺色处理。

为了使色粉不溢出铺色的边缘，把边缘周围用遮盖胶带盖住。用折叠成小块的面巾纸或脱脂棉的尖端蘸上蓝色系色粉，将车窗表面铺涂成渐变的效果。

为了使画面更加光洁且更易于表现色彩浓淡渐变，可在色粉中掺入色粉总量30％左右的婴儿用爽身粉，充分混合后使用。

⑦用蓝色系色粉将车体上部铺涂成渐变的效果。

高光面留白，也可用美术专用橡皮、可塑橡皮或橡皮棒擦出。

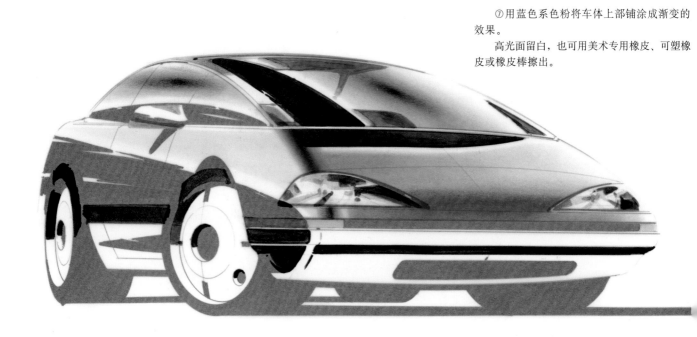

⑧用蓝色粉将车轮金属部分的上表面铺涂成渐变的效果。用黄色系和灰色系色粉将车体的下部和车轮金属部分的下表面铺涂成渐变的效果。

色粉在Ｖ.Ｒ绘图纸的背面铺色完毕后，用喷雾式色粉定画液喷涂画面，使画面上的色粉得到固定和保护。

⑨在Ｖ.Ｒ绘图纸的正面用色粉铺涂。

用折叠成小块的面巾纸或脱脂棉的尖端蘸上蓝色系色粉，把车窗和车体铺涂成渐变的效果（与在Ｖ.Ｒ绘图纸的背面用色粉铺涂的方法相同）。

⑩反光部分留白，或者用美术专用橡皮或橡皮棒擦出。

色粉铺色完后，用喷雾式色粉定画液喷涂画面，使画面上的色粉得到固定和保护。

⑪ 用削尖的黑色铅笔简洁地刻画分割线和细部等。

⑫ 用削尖的白色铅笔简洁地表现亮轮廓线、亮分割线和细部。

曲线和圆分别用曲线尺和椭圆模板规范绘制。

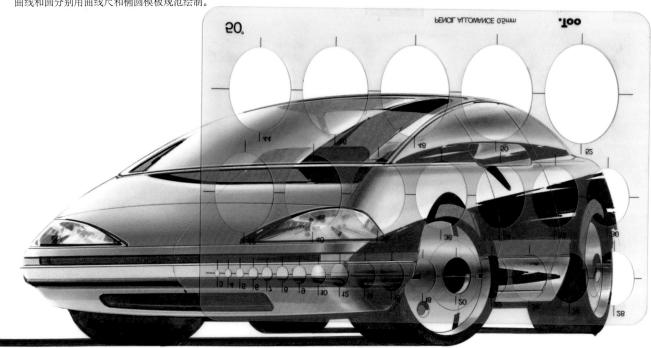

⑬ 用白色铅笔表现亮分割线和细部后的效果。

⑭ 用面相笔（日本产的一种勾线用毛笔）蘸上白色广告颜料把高光线、高光点和高光细部等极其简洁地提出来。

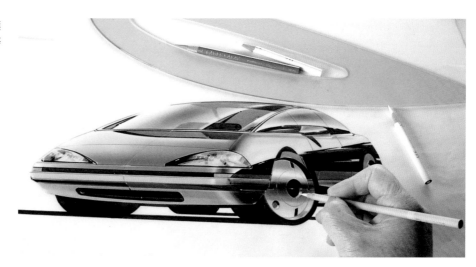

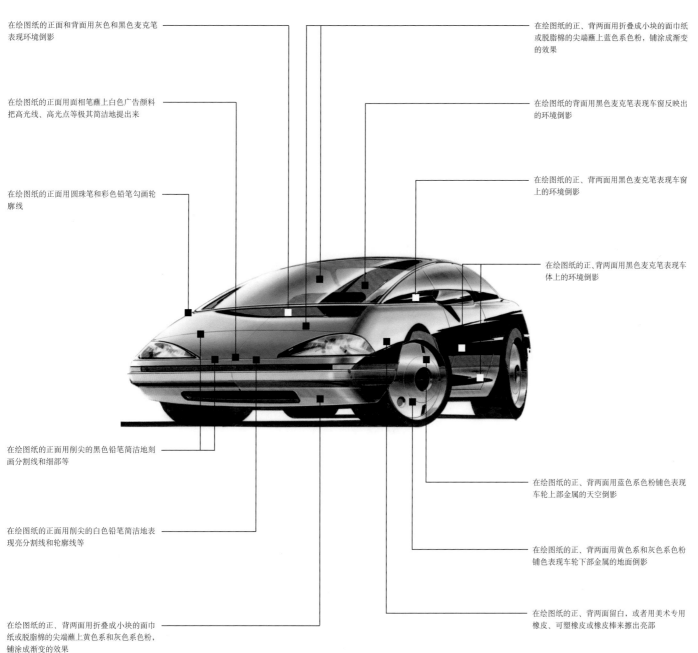

在绘图纸的正面和背面用灰色和黑色麦克笔表现环境倒影

在绘图纸的正面用面相笔蘸上白色广告颜料把高光线、高光点等极其简洁地提出来

在绘图纸的正面用圆珠笔和彩色铅笔勾画轮廓线

在绘图纸的正面用削尖的黑色铅笔简洁地刻画分割线和细部等

在绘图纸的正面用削尖的白色铅笔简洁地表现亮分割线和轮廓线等

在绘图纸的正、背两面用折叠成小块的面巾纸或脱脂棉的尖端蘸上黄色系和灰色系色粉，铺涂成渐变的效果

在绘图纸的正、背两面用折叠成小块的面巾纸或脱脂棉的尖端蘸上蓝色系色粉，铺涂成渐变的效果

在绘图纸的背面用黑色麦克笔表现车窗反映出的环境倒影

在绘图纸的正、背两面用黑色麦克笔表现车窗上的环境倒影

在绘图纸的正、背两面用黑色麦克笔表现车体上的环境倒影

在绘图纸的正、背两面用蓝色系色粉铺色表现车轮上部金属的天空倒影

在绘图纸的正、背两面用黄色系和灰色系色粉铺色表现车轮下部金属的地面倒影

在绘图纸的正、背两面留白，或者用美术专用橡皮、可塑橡皮或橡皮棒来擦出亮部

⑮完成后的小轿车最终效果图。

■通用型发动机的设计效果图

这是在通用型发动机的开发过程中绘制的设计效果图。

在诸多构思草图中选出一张来绘制最终效果图。

①绘制最终效果图的勾线图。

在一张描图纸（亦称硫酸纸）或 A3 白色复印纸上用圆珠笔、彩色铅笔和水性针管绘图笔等勾绘出发动机的轮廓线条。

直线、曲线和圆分别用直尺、曲线尺和椭圆模板规范绘制。

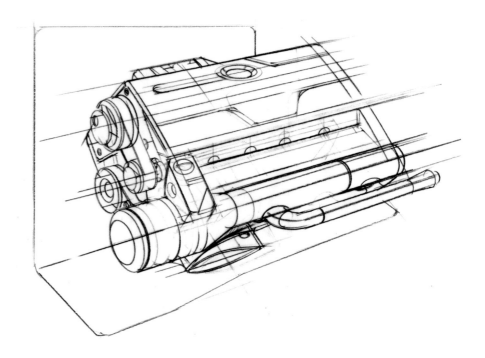

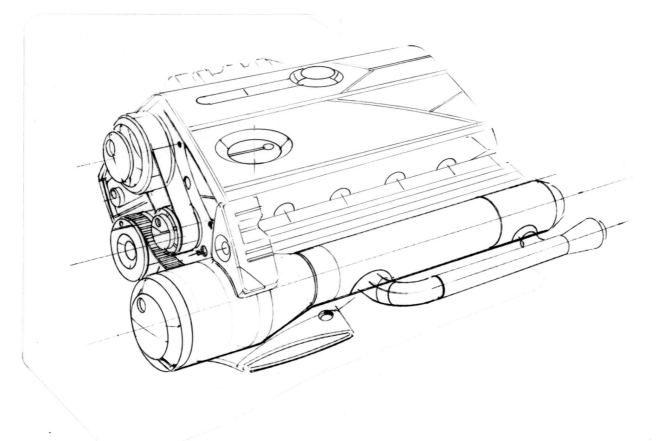

②在步骤①完成的勾线图上覆盖一张 A3 白色绘图纸，用黑色圆珠笔、水性针管绘图笔等描绘出轮廓线和细部。

直线、曲线和圆分别用直尺、曲线尺和椭圆模板规范绘制。

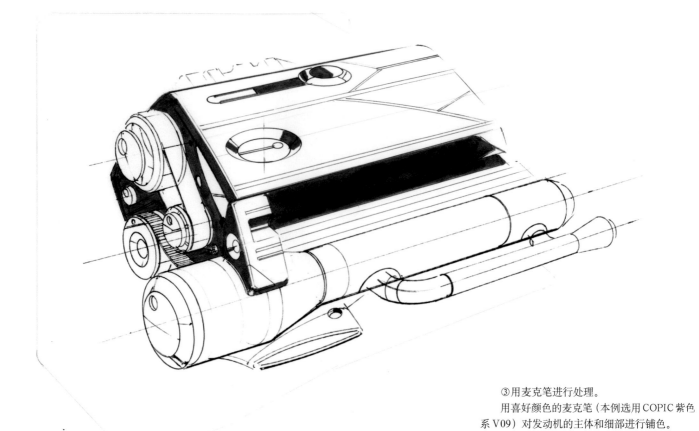

③用麦克笔进行处理。
用喜好颜色的麦克笔（本例选用 COPIC 紫色系 V09）对发动机的主体和细部进行铺色。

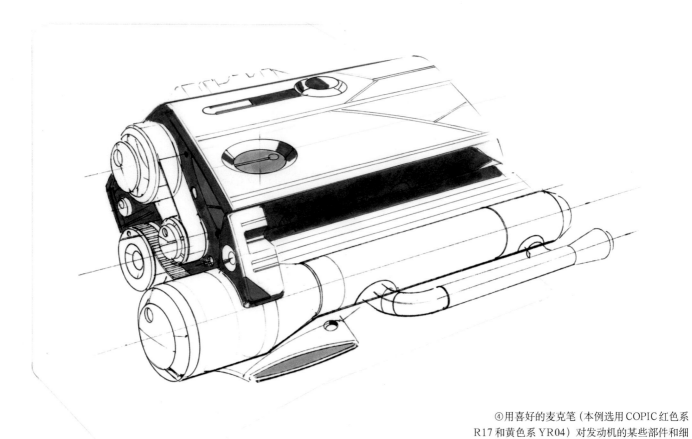

④用喜好的麦克笔（本例选用 COPIC 红色系 R17 和黄色系 YR04）对发动机的某些部件和细部进行着色。

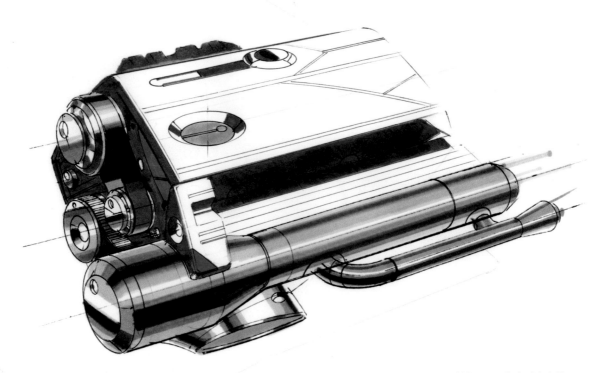

⑤选用COPIC灰色系麦克笔No.2~No.7绘制减声器、旋转部件和细部。

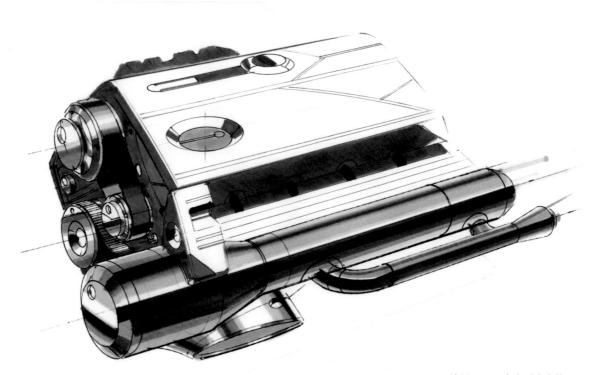

⑥选用COPIC灰色系麦克笔No.10（黑）对减声器的部分水平方向绘出环境倒影，从而表现金属的材质感。

注：水平方向的环境倒影用直尺规范描绘。

⑦选用COPIC灰色系麦克笔No.10（黑）绘出分割线和最暗的部分。至此用麦克笔的处理基本结束。

⑧用折叠或小块的面巾纸或脱脂棉的尖端蘸上喜好颜色的色粉（本例选用紫色系色粉），对发动机的主体表面进行铺涂。

色粉处理完毕之后，用喷雾式色粉定画液喷涂画面，使画面上的色粉得到固定和保护。

⑨用直尺、曲线尺和椭圆模板，用削尖的白色铅笔简洁地绘出亮分割线、亮轮廓线和细部等。

⑩绘制背景。

用遮盖胶带把所绘背景的外围和发动机的部分主体遮盖住，选择适合的色粉，用折叠或小块的面巾纸或脱脂棉的尖端蘸上并简洁地铺涂成渐变效果（本例选用绿色系和灰色系色粉）。

⑪用白色广告颜料和修正液（白色）提出高光点、高光线。至此，通用型发动机的最终效果图就基本完成了。

文字部分可用圆珠笔或水性针管绘图笔简洁地写出

用折叠或小块的面巾纸或脱脂棉的尖端蘸上喜好颜色的色粉进行铺涂

用喜好颜色的色粉(本例选用绿色系和灰色系)绘制背景

选用COPIC灰色系麦克笔No.10(黑)表现主体最暗的部分

用白色广告颜料提出高光点来表现金属的光泽感

选用COPIC灰色系麦克笔No.2~No.10(黑)表现排烟管的金属质感

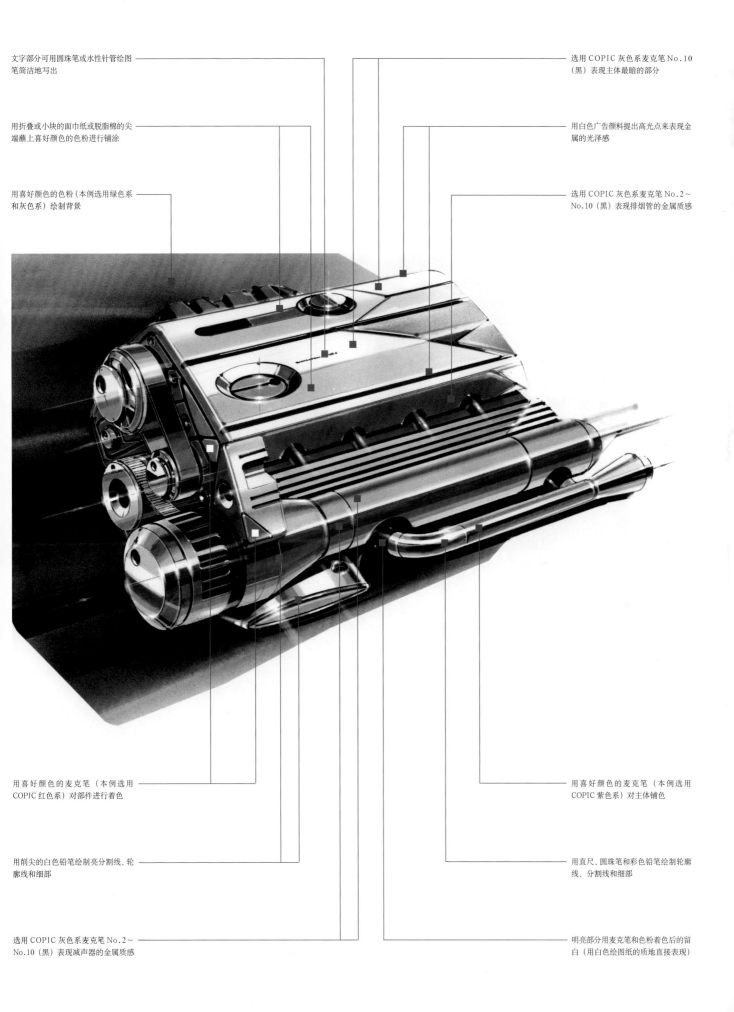

用喜好颜色的麦克笔(本例选用COPIC红色系)对部件进行着色

用削尖的白色铅笔绘制亮分割线、轮廓线和细部

选用COPIC灰色系麦克笔No.2~No.10(黑)表现减声器的金属质感

用喜好颜色的麦克笔(本例选用COPIC紫色系)对主体铺色

用直尺、圆珠笔和彩色铅笔绘制轮廓线、分割线和细部

明亮部分用麦克笔和色粉着色后的留白(用白色绘图纸的质地直接表现)

●通用型发动机的参考最终效果图
这是产品设计开发过程中绘制的效果图，以
麦克笔和色粉为主要画材绘制。

■ 小型精密机床的设计效果图

以下设计效果图是在小型精密机床的开发过程中，为便于设计研讨而绘制的。

①绘制最终效果图的勾线图。

首先，从诸多幅构思草图中选择一幅比较理想的，并以其造型为基础来绘制最终效果图的勾线图。

绘制勾线图时要注意确定好展示机床的最佳透视角度，在任意一张 A3 描图纸（亦称硫酸纸）或白色复印纸上用黑色铅笔、圆珠笔等勾画出机床的线条。

直线、曲线和圆分别用直尺、曲线尺和椭圆模板规范绘制。

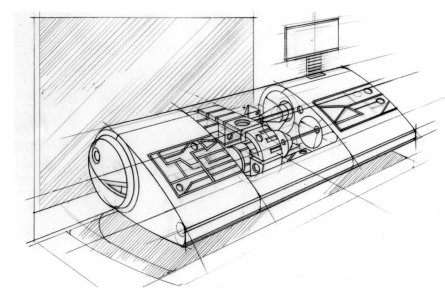

②在步骤①完成的勾线图上覆盖一张 A3 白色绘图纸，用黑色圆珠笔、黑色铅笔和黑色水性针管绘图笔等描绘出机床的轮廓和细部。

直线、曲线和圆分别用直尺、曲线尺和椭圆模板规范绘制。

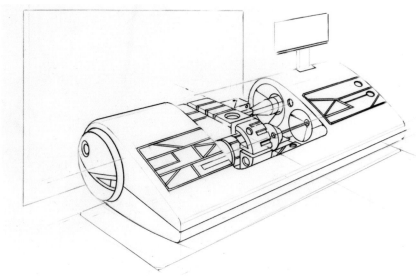

③用麦克笔进行处理。

选用 COPIC 灰色系麦克笔 No.2～No.10（黑）绘制旋转机构部分。

另外，对某些部件用喜好颜色的麦克笔或彩色铅笔进行着色。这里分别选用了 COPIC 红色系 RV29、黄色系 YR04 和蓝色系 B24。

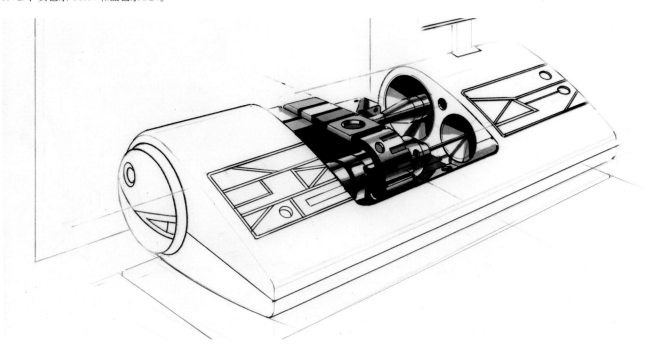

④选用COPIC灰色系麦克笔No.2～No.7简洁地绘制机床主体的棱线、阴影部分。

直线、曲线和圆分别用直尺、曲线尺和椭圆模板规范绘制。

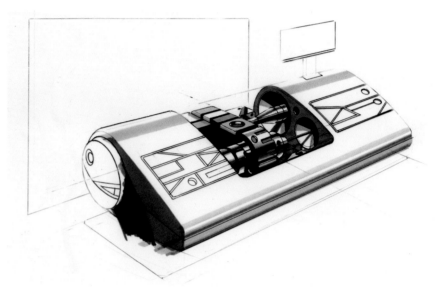

⑤选用COPIC灰色系麦克笔No.7对机床主体的操作面板进行铺色。

然后，选用COPIC灰色系麦克笔No.10（黑）绘制操作面板上的分割线。

分割线要用直尺规范绘制。

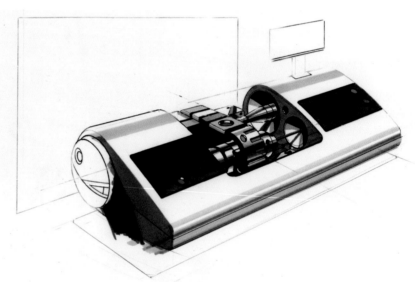

⑥选用COPIC灰色系麦克笔No.10（黑）绘制最暗的阴影、液晶显示面板上的阴影和最暗的细部。

直线、曲线和圆分别用直尺、曲线尺和椭圆模板规范绘制。

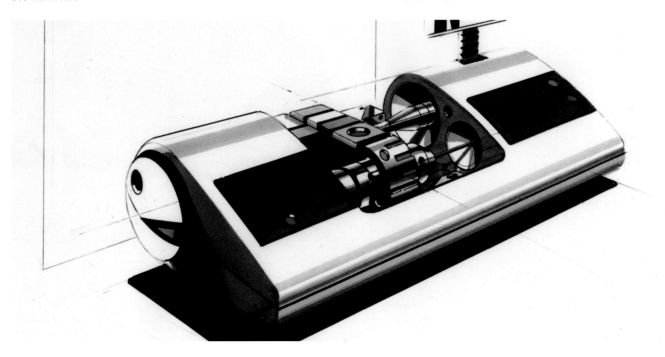

⑦用色粉进行处理。

用折叠或小块的面巾纸或脱脂棉的尖端蘸上灰色系色粉，对机床主体表面按横方向进行铺涂。

同样，用蓝色系色粉掺入少量黑色粉，对液晶显示面板和左侧的圆形部件简洁地铺涂。

⑧绘制背景和阴影。

把要绘制的背景、阴影周围以及机床的部分主体用遮盖胶带盖住，选用合适颜色的色粉，用折叠或小块的面巾纸或脱脂棉的尖端蘸上并按纵方向铺涂。

色粉处理完毕后，用喷雾式色粉定画液喷涂画面，使画面上的色粉得到固定和保护。

⑨用削尖的黑色铅笔、黑色圆珠笔和黑色麦克笔强调机床主体上的分割线和轮廓线。

直线、曲线和圆分别用直尺、曲线尺和椭圆模板规范绘制。

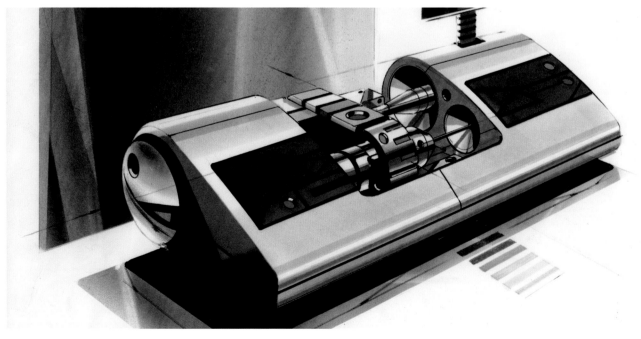

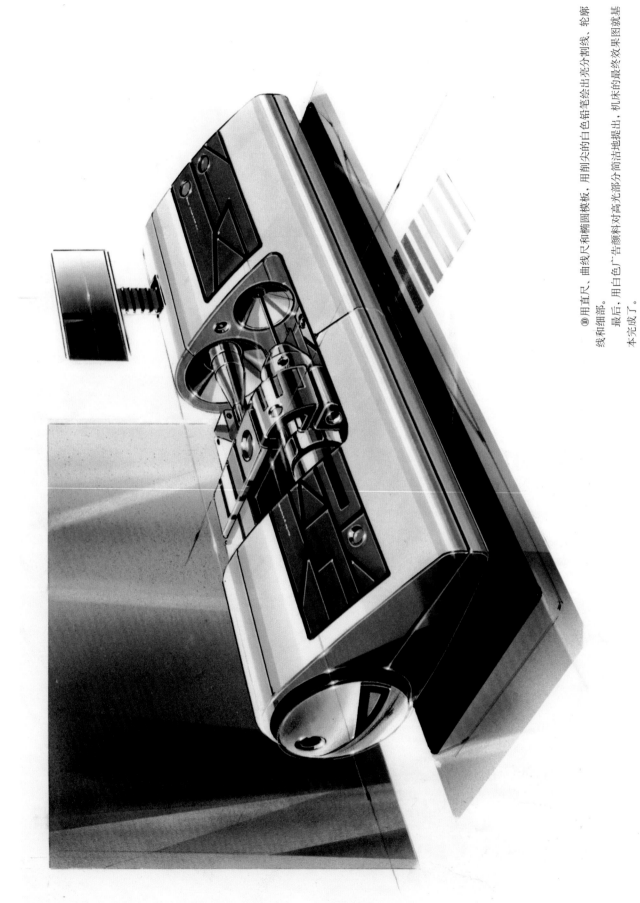

⑩用直尺、曲线尺和椭圆模板，用削尖的白色铅笔绘出亮分割线、轮廓线和细部。

最后，用白色广告颜料对高光部分简洁地提出，机床的最终效果图就基本完成了。

选用 COPIC 灰色系麦克笔
No.7 铺色之后，再用黑色麦
克笔绘出分割线

用黑色圆珠笔、黑色麦克笔和
黑色铅笔等绘出轮廓线和分
割线

用削尖的白色铅笔绘出亮线
部分

用灰色系色粉掺入少量
黑色粉，按纵方向铺涂
成背景和阴影部分

用白色广告颜料提出高光点

选用 COPIC 灰色系麦克笔
No.6 和 No.7 绘制

选用 COPIC 灰色系麦克笔
No.2～No.5 绘制倒影

用绘图纸的留白表现明亮的反
光部分

选用 COPIC 灰色系麦克笔
No.10（黑）绘制最暗的阴影

用折叠或小块的面巾纸或脱脂
棉的尖端蘸上灰色系色粉铺涂

用蓝色系色粉掺入少量黑色粉
铺涂成液晶显示屏

选用 COPIC 灰色系麦克笔
No.10（黑）绘制液晶显示屏
上的暗倒影

选用 COPIC 灰色系麦克笔
No.2～No.10（黑）绘制旋转
机构部分

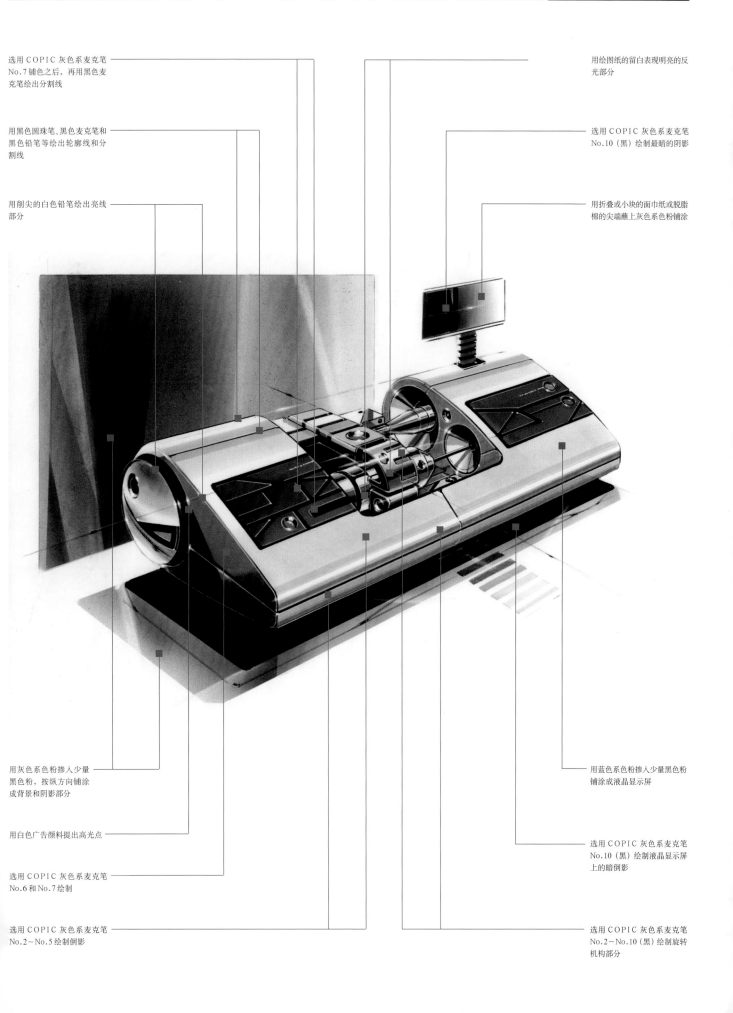

后 记

　　通俗易懂的产品设计效果图技法的图解书终于修订编写完毕了，它将以大部分崭新的内容和面貌奉献给各位读者。

　　正像前言所说的那样，如果只是单纯地介绍产品设计效果图技法的原则、规则，以及透视法原理的话，即使思路和图解再清晰，读者学习产品设计效果图技法的兴趣也可能会很快消失。

　　为了使大家能够在愉快的气氛中边欣赏、边学习，我在编写的过程中尽可能地避免叙述有关效果图技法的原则和规则等长篇理论，而尽量以介绍产品设计效果图的实际案例为主。

　　本书在介绍效果图技法时，力求以图解的方式，把从构思草图到最终效果图的整个过程按步骤详尽地介绍给大家。每幅最终效果图完成后都增加一个单元，用引出折线的方法对技法和过程进行简要的总结归纳。这样编写，对大家逐步掌握并进一步提高效果图技法一定是大有好处的。

　　另外，这次修订书中全部产品设计效果图的80%都是最新绘制的。从开始绘制到完成终稿，耗费了我大量的时间和精力。我想，大家一定能从这些不同种类的实例中了解到我的设计意图和要达到的目的。

　　最后，对为本书撰写序言的湖南大学何人可教授、编译本书的北京理工大学马卫星老师、本书的责任编辑北京理工大学出版社的陈竑老师、李丁一老师，以及为出版本书做出不懈努力的北京理工大学出版社的各位老师，表示深深的感谢。

清水吉治

2013年

参 考 文 献

[1] [日]清水吉治．[日]酒井和平．SKETCH·DRAWING·MODELLING [M]．张福昌，编译．北京：清华大学出版社，
2007.

[2] [日]清水吉治．产品设计效果图技法 [M]．马卫星，编译．北京：北京理工大学出版社，2003.

[3] [日]清水吉治．NEW MARKER TECHNIQUES [M]．东京：Graphic-sha Publishing Co.,Ltd.，2002.

[4] [日]清水吉治．SUKETCHI NI YORU ZOKEI NO TENKAI [M]．东京：Japan Publishing Service，1998.

[5] Thom Taylor with Lisa Hallett. HOW TO DRAW CARS LIKE A PRO [M]．Osceola：Motorbooks
International Publishers ＆ Wholesalers，1996.

[6] CAR STYLING．三荣书房．1989年11月号．Move Honda Motorcycle Design World

[7] CAR STYLING．三荣书房．1987年9月号．Automobile Design Porject Developed by NDI·Tom Semple
by Rendering

[8] Dick Powell. Perspective a new system for designers [M]．Orbis Publishing Ltd.，1985.

[9] Jay Doblin. Perspective a new system for designers [M]．冈田朋二，山内陆平，译．东京：凤山社，1980.

著 者 简 介

著者简介：清水吉治（Shimizu Yoshiharu）

1934年生于日本长野县。1959年毕业于金泽美术工艺大学工业美术系工业设计专业。曾就职于富士通株式会社General工业设计部等，留学于芬兰的Studio Nurmesniemi和美术工艺大学。

曾任日本外务省国际协作事业团（JICA）、日本机械设计中心（财团）、生活用品振兴中心（财团）、东京艺术大学研究生院（U.T.M）、金泽美术工艺大学、武藏野美术大学、日本大学艺术学院、多摩美术大学、岩手大学教育学院、拓殖大学工学部、神户艺术工科大学、东北艺术工科大学等多家单位与院校的特聘、专任教授。还曾任石川县和埼玉县的工业设计顾问。原长冈造型大学工业设计系教授。现任中国北京理工大学设计与艺术学院客座教授、中国燕山大学兼任教授等。

主要业绩包括：1959年在每日新闻社工业设计竞技大会上荣获企业奖（合作）；1987年荣获专利厅（财团）发明协会东京支部长奖；1988年荣获中国台湾对外贸易发展协会工业设计贡献奖；1989年荣获石川县设计展金泽市长奖；1997年荣获日本全国传统工艺品展中小企业厅长官奖（合作）；产品设计曾入选通产省G标志等。

主要著作有：《工业设计全集第4卷设计技法》（合著）、《工业设计制图》(合著)、《用效果图展开造型》（以上均由日本Service出版社出版）、《麦克笔画技法》、《用麦克笔绘制设计效果图》、《麦克笔画新技法》(以上由日本Graphic出版社出版)、《产品设计效果图技法》(北京理工大学出版社出版)、《效果图·制图·模型》(清华大学出版社出版)，等等。

所属学术团体：日本工业设计协会名誉会员、埼玉设计协议会会员。

编译者简介

编译者简介：马卫星（Ma Weixing）

1957年生于中国北京，毕业于北京理工大学设计艺术学专业，文学硕士。留学于日本大阪工业大学，研修于日本千叶工业大学。

现任北京理工大学设计与艺术学院教师、中国工业设计协会会员、欧美同学会日本分会会员。

讲授课程有：环境照明设计、中国传统家居、展示设计等。

2010年、2011年荣获第八届、第九届中国环境艺术设计学年奖——优秀指导教师奖。

发表在学术期刊论文数篇。

著作：《展示艺术设计》（合著）

编译著作：《照明灯光设计》《东京大视觉》《产品设计效果图技法》等。

翻译著作：《现代视觉设计》《日本广告百例》《日本包装百例》等。

附：完成本书效果图实例所需的时间

吹风机的设计效果图	约35分钟
无线·LAN机的设计效果图	约50分钟
胶带座的设计效果图	约60分钟
数码相机的设计效果图	约60分钟
投影仪的设计效果图	约65分钟
专用吹风机的设计效果图	约55分钟
运动鞋的设计效果图（在色纸上绘制）	约59分钟
吸尘器的设计效果图（A）	约70分钟
吸尘器的设计效果图（B）	约75分钟
办公用打印机的设计效果图	约55分钟
西式餐具的设计效果图	约30分钟
不锈钢容器的设计效果图	约45分钟
工作台的设计效果图	约60分钟
小型摩托车的设计效果图	约40分钟
摩托车的设计效果图	约75分钟
跑车的设计效果图	约65分钟
小轿车的设计效果图（A）	约65分钟
小轿车的设计效果图（B）	约75分钟
通用型发动机的设计效果图	约65分钟
机床的设计效果图	约75分钟